"家风家教"系列

恭

传承家规成方圆

水木年华 / 编著

郑州大学出版社

郑州

图书在版编目（CIP）数据

恭——传承家规成方圆/水木年华编著. —郑州：郑州大学出版社，2019.2
（家风家教）

ISBN 978-7-5645-5915-1

Ⅰ. ①恭… Ⅱ. ①水… Ⅲ. ①家庭道德-中国 Ⅳ. ①B823.1

中国版本图书馆 CIP 数据核字（2019）第 001367 号

郑州大学出版社出版发行

郑州市大学路 40 号　　　　　　　　　　　邮政编码：450052

出版人：张功员　　　　　　　　　　　　　发行部电话：0371-66658405

全国新华书店经销

河南文华印务有限公司印刷

开本：710mm×1 010mm　1/16

印张：15.5

字数：251 千字

版次：2019 年 2 月第 1 版　　　　　　　　印次：2019 年 2 月第 1 次印刷

书号：ISBN 978-7-5645-5915-1　　　　　　定价：49.80 元

前言

国有国法，家有家规。没有规矩，不成方圆。一个家庭需要民主，不可以是家长制或一言堂，但必要的家规是不可缺少的。家风通常是指家庭或家族的传统风尚或作风，从某种程度上讲，家风是家规的外在表现，家规是一个家庭的"核心价值观"。

中国传统文化特别强调修、齐、治、平的统一，把"齐家"与"修身""治国""平天下"提到同等重要的地位，因而，以教家立范的家训文化十分发达，许多家训名篇被奉为治家教子的宝鉴而流传极广，如颜之推的《颜氏家训》、朱柏庐的《治家格言》等。传统家训家规涉及的领域极其广泛，但核心始终围绕着治家教子、修身做人展开，实质是伦理教育和人格塑造，主要包括：孝亲敬长、睦亲齐家、勤劳谦敬、勿贪勿奢、励志勉学、习业农商、治生自立、崇尚科技、拒绝迷信、审择交游、近善远佞、宽厚谦恭、谨言慎行、和待乡邻、救难济贫、洁身自好、力戒恶习、养生健身等方面的训导。虽然由于时代和阶级的局限性，传统家训家规的内容有些缺陷，但从总体上看，仍不失为先人们留下的一笔宝贵的历史文化与伦理文化遗产。

家规可以影响到家庭的风气，家风一旦败坏，这家人的思想品德也会跟着变坏，这家就很难培养出优秀的后代了。家风败坏的坏名声会在街坊邻居间传开，一传十，十传百，很快就没有人愿意和这家人交往，这时候再想改，就来不及了。可以说家风是非常重要的，虽然它只是一个无形的概念，却能让这家的子孙后代延续得更长，让他们走得更远！

家风也可以代表一个国家的风气，国家就是人们共同的家，这家风就更为重要了，它要靠人们的努力，遵纪守法，互帮互助。一个国家的繁荣昌盛，不仅仅是物质上的丰富，更重要的是它的风气。一个国家的风气决定了它的衰与胜，只有社会风气好的国家，才能国富民强，才真正算得上是一个强国。

长期以来，由于我们在认识上的偏差，过于放大家规家训中糟粕的内容，而对其合理的成分视而不见，结果造成了"家无家规"的现象。为此，在现阶段有必要重新认识"家规"的地位作用，在继承家规这一传统道德遗产时，赋予家规以新的、适合时代的要求内容，使之能够与时俱进。要鼓励每个家庭按照社会主义核心价值观的要求，把"爱国、敬业、诚信、友善"的内容加以具体化，结合家庭自身的情况特点，制定出符合自己家庭的"家规"，让"自强不息""厚德载物""诚信为本""止于至善""宽厚谦恭""克勤克俭"等成为每个家庭的闪亮名片。

希望读者能从本书中得到启发和借鉴，对家规有一个新的认识，用理性的态度看待家规，学习家规，践行家规，让一个良好的家规制度在我们的家庭里建立起来，让中华民族的优良传统带着它的精华部分回归到我们当下繁忙的生活中来，从而使传统道德精华得以发扬光大，为建设和谐家庭、和谐社会做出贡献。

目录

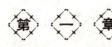

第一章

家有家规：治家首要正家规

　　家庭是指婚姻关系、血缘关系或收养关系基础上产生的，亲属之间所构成的社会生活单位。家庭是幸福生活的一种存在。家庭是最基本的社会设置之一，是人类最基本最重要的一种制度和群体形式。家庭规范就是家庭中的规则，如同国家的法律，是家庭和睦的保证。

第 二 章

恪守祖训：家传祖制记心间

修身的本质是一个长期与自己的恶习和薄弱意志做斗争的过程，时时检束自己的身心言行，用高尚的情操去除思想中的杂质。对于个人来说，最大的恶习莫过于不能改错。不能改错，修身也就无从谈起，个人的素养也就无法提高。

第 三 章

居家规范：生活习性家规约束

有人把社会看作一副枷锁，把家看作是自由的地方；而有人则把家庭看作是枷锁，向往家庭之外的自由。我们每个人都不得不面对生活的约束，家庭中也是如此。家庭中的规范并不是阻碍我们自由的约束，因为对于一个肖子而言家规家范都是不存在的，而对于一个不肖子家规家范才真的让他们寸步难行。

 第 四 章

修身养性：以德报怨传家法

心即是心态，是个人修养的体现，从传统文化而言就是修身养性。修养身性的具体行为表现在日常生活中就是择善而从，博学于文，并约之以礼。修身并不是一蹴而就的事，也不是看了些圣贤书就成为甚至超越圣人了。"古之学者为己，今之学者为人"，这里我们更应该像古人一样，学习是为了丰富完善自身的人格，落实到一言一行中而不逾越事理。

 第 五 章

与人为善：言辞有道积家德

语言是人们交流的工具，也是一个人能力和素质的体现之一。同样的话语，由不同人来说，可能会有不同的结果。传统家训并不看好花言巧语，而是尽量教育人们多行少言，纵然是说好话也应该做到言拙意隐。

广交益友：积人脉以聚家脉

　　朋友，是情谊深重的双方的代称。朋友是一个神圣的词，正所谓人可以没有亲戚，但不能没有朋友。然而，并非所有的朋友都是益友，交些"狐朋狗友"可能导致个人的失败，甚至牵涉到整个家庭。因此，我国家规中对选择朋友是非常慎重的，尤其是强调应远离那些奸佞之人。

温良待人：敦厚处世彰家风

　　家庭并不是超出社会的独立存在，而是与整个社会息息相关。因此，家规中也少不了为人处世的教育。在为人处世方面，家规很好地体现了传统文化中的守拙与中庸的特点，讲求不为人先，韬光养晦。

 齐家治国：公正贤明为大家

儒家讲求修身齐家治国平天下，齐家之后就是治国，治国简单来说就是做官。做官就一定要做好官，因此，在《孝经》和各种家训中都有许多内容说的是做官的规范。传统认为为官应以亲民爱民、恪守职责、秉公执法为准。

第一章

家有家规：治家首要正家规

家庭是指婚姻关系、血缘关系或收养关系基础上产生的，亲属之间所构成的社会生活单位。家庭是幸福生活的一种存在。家庭是最基本的社会设置之一，是人类最基本最重要的一种制度和群体形式。家庭规范就是家庭中的规则，如同国家的法律，是家庭和睦的保证。

无规矩不成方圆

【原文】

不以规矩，不能成方圆。

——《孟子·离娄上》

【译文】

如果没有画圆形和方形的两种工具，人们也不能准确地画出方形和圆形。

家规心得

对很多现代家庭来说，"家规"仿佛是一个穿越时空的词汇。这里的"家"是指家庭，"规"则是规矩或规范。通俗的理解就是：一个家庭所规定的行为规范，一般是由一个家族世代相传的教育规范后代子孙的准则。"国有国法，家有家规"，就是指一个国家有一个国家的法律，一个家庭有一个家庭的规矩，也就是说，做任何事都要懂规矩、守规则。

家风故事

田穰苴严法治军

春秋时期，齐国有个大夫叫田穰苴，当时，晋国攻击齐国的阿邑、鄄邑，燕国又侵占齐国的河上地方，齐军屡战屡败，溃不成军。为此，齐景公整天寝食不安，愁眉不展。田穰苴当初不过是个地位普通的人，但他的好朋友晏婴则是齐国大臣。

一天，田、晏二人正在屋里下棋，有人禀报说："齐王召上大夫晏婴立即进宫，有要事相议。"晏婴便放下手里的棋子，匆忙进宫去了。原来，齐景公正为齐军败阵、边关吃紧而愁容满面。看见晏婴，齐景公忧心忡忡地说："晋国和燕国不断蚕食我国，本应回击他们，但是眼下齐军没有一个好统帅，真是心有余而力不足呀!"

晏婴沉思了片刻，向齐景公说："我有一个好朋友叫田穰苴，此人文能安抚人心，武能克敌制胜，而且精通兵法，您不妨让他担当此任。"

齐景公马上召田穰苴进宫，跟他谈论边防和军事，发现田穰苴是个文武全才，便提出让他担任大将军，率兵抗击侵略。田穰苴对齐景公说："我地位低下，君王把我从平民中破格提拔到三军主帅，恐怕军内官兵不会服气，百姓对我也缺乏信任。资历浅薄而权威不足是无法统率大军的，希望能派一位君王的宠臣，官兵所尊敬的人来担任监军。"齐景公笑着说："这个你放心，我将派大将军庄贾做你的监军，有他辅佐你，我看不会有人敢不听你的号令。"于是，田穰苴便接受了这个职务。接着，齐景公又传庄贾进宫，向他介绍了新的三军主帅。庄贾看了看站在一旁的田穰苴，轻蔑地说："既然上大夫保举田穰苴来统率齐军，说明他自有统兵的才能，何必还要监军呢?"齐景公解释说："寡人念你德高望重，久经沙场，而田穰苴是初次指挥这么大的战斗，在齐军中还没有树立起威信，由你来做他的监军，将士们必然会听从号令的。"听了齐景公的话，庄贾得意地笑了起来，说："既然这样，那我只好奉命前往了。"当下二人商定，次日中午在营门会合。

回到家里，田穰苴告别了母亲和妻子，立刻去了军营，他下令全军：明日正午，准时出发! 并特意让人在营门之外装了一个测影日晷，又安放了一座滴漏，以此来检查将领们是否遵守军令。

可是庄贾根本没把这事放在心上，回到家就与来送行的亲戚朋友喝起酒来。到了约定的时间，庄贾没到军营，田穰苴下令撤去日晷，放掉滴漏中的水，全军列队，开始检阅。宣布完军纪，检阅完将士，已是太阳偏西，这才见庄贾带着几个侍从姗姗而来。田穰苴压着火问道："为什么迟到?"庄贾一脸酒气说："有劳大夫和亲戚们送行，所以耽搁了。"田穰苴说："将军接受命令，就应忘掉家庭；面对军纪法规，就应忘掉父母；击鼓进军与敌作战，就应忘掉自己的身体。如今敌国入侵，国内不安，君王焦虑，士兵艰

第一章 家有家规：治家首要正家规

辛，国人的性命，都在你掌握之中，为什么还要怠慢!"田穰苴招来军正问道："按照军法，违约迟到者怎么办?"回答说："应当斩首!"庄贾害怕了，派人飞报齐景公求救，但还没等信使回来，田穰苴就斩了庄贾，三军将士无不震惊。

过了一会儿，信使拿着齐景公的符节来赦免庄贾，骑马奔进军营。田穰苴说："将领在军中，对君王的有些命令是可以不接受的。"又问军正道："在军营中骑马奔跑，军法怎么说?"军正说："应当斩首。"使者惊慌失措，田穰苴说："国君的使节，不可杀他。"于是斩了使者的仆人，砍了车子左边的车轩，宰了左边的那匹驾车的马，以此来号令三军。让使者回去报告，然后率领齐军开拔。

由于田穰苴军纪严明，指挥有方，齐军军威大振，连战告捷，很快收复了失地。执法如山，一视同仁，这样才能令行禁止，战无不胜。

刘邦约法三章

公元前206年，刘邦乘项羽在巨鹿大胜秦军的时机，领兵攻进峣关（今陕西商县西北），进抵灞上（今西安市东）。这时秦二世已死，他的侄儿子婴率满朝文武俯首投降，把刘邦迎进了咸阳。

咸阳（今咸阳市东北）是秦王朝的都城。这里人稠物丰，繁华富庶。尤其是秦始皇修的阿房宫，规模宏大，堂皇富丽，美人、钟鼓、珍宝、古玩应有尽有。刘邦军队的将士长期生活在穷苦闭塞的农村，一到咸阳这个花花世界觉得样样新奇。他们以胜利者自居，在街面上和阿房宫里乱抢乱拿奇珍异宝和衣物用品，有的人还酗酒闹事，打人杀人，闹得市人惊恐，东躲西藏。

面对这种混乱现象，刘邦的部将樊哙提出应该用纪律来约束部下。谋臣张良支持樊哙的建议，他说："要得天下先要得民心，绝不能再让将士们这样胡闹下去了。要快点公布个法令，让大家依法行事，把社会治安搞好。"

刘邦听从了张良和樊哙的建议，派人把秦朝的府库官仓全部封存起来，制定了三条法令，把部队撤回灞上军营进行整顿。与此同时，刘邦还把咸阳和关中各县父老百姓的代表召集起来，对他们说："过去秦朝的严刑苛法使你们动辄得咎，吃尽了苦头；现在为了使大家能安心做事，我制定了三条法律：第一，杀人罪判处死刑；第二，伤人者按情节轻重治罪；第三，偷盗者也按情节轻重治罪。其他秦朝苛法一概废除，你们不必再提心吊胆过日子了。"接着，刘邦命人广泛宣传，使三条法令家喻户晓。

这三条法令，就是中国历史上有名的"约法三章"。关中父老百姓知道了刘邦的"约法三章"，又看到刘邦的军队撤到灞上后纪律严明，从心里觉得高兴。于是，大家争着拿出酒肉、粮食和衣物到灞上慰劳他们。这时，刘邦告诉他的将士：要好言好语地劝说父老百姓把慰劳品都拿回去。今后军中所需的一切物品都由府库供应，绝不准随便拿老百姓的东西。

从此，刘邦和他的军队严格地按"约法三章"办事，保证了咸阳和关中地区的稳定和繁荣，在百姓心中留下了很好的印象。几年以后，他就打败了项羽，当了大汉朝的开国皇帝。

能治家才有家和

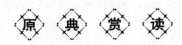

【原文】

家人有过，不宜暴怒，不宜轻弃。此事难言，借他事隐讽之；今日不悟，俟来日再警之。如春风解冻，如和气消冰，才是家庭的型范。

——《菜根谭》

【译文】

家人有了过错，不应该大发脾气，也不应该轻易放弃不管。

第一章 家有家规：治家首要正家规

如果这件事难以明说，可以借别的事情用暗示性的语言对他加以劝导；如果他今天不能觉悟，可以等以后再警告他。要像春风化解冻土一样，要像温和的气候消融冰雪一样，这才是治家的典范。

家规心得

常言道，家庭是社会的细胞，要构建和谐社会，就需要建立和睦家庭。而在现代社会，家庭矛盾越来越突出。家庭问题出在哪里呢？又怎样才能化解呢？

处理家庭矛盾，是需要技巧的，只有通过一个好的方式才能消除矛盾，营造一个良好的家庭氛围。

有人说"家不是讲理的地方，是讲爱的地方。"以爱为前提建立起的家规方能让家庭永固。如果你能灵活使用这句话，并把它作为你处理家庭矛盾的一种方式，那么你的家将会是和睦的、温馨的、幸福的。

家风故事

兄弟亲情感毒母

晋代琅琊郡有个叫王祥的人，小时候死了母亲，继母朱氏看不上他，对他一点也不慈爱，还常常在他父亲面前说他的坏话。开始他父亲不相信，认为王祥是个老实听话的孩子，向来不和邻居的孩子们吵架，和大家处得十分友好，自己有了好吃的、好玩的，都和小朋友们一起分享，所以他觉得王祥不会做出什么惹继母生气的事。

但是，朱氏是个心术不正的人，见王祥的父亲不相信她的话，就总在枕边吹风，说王祥的坏话，还编造许多谎言，来诋毁王祥。

朱氏说："你这儿子不听话、不干活还不算，最近又学会了偷吃东西。昨天我给你留下了一碗肉，今天就不见了。家中又没有别的人，准是让他偷吃了。"

王祥的父亲经不住朱氏再三再四的挑唆，也就不再喜欢王祥了，什么脏活、重活都让他去干，一点也不体恤他。

王祥是个老实厚道的孩子，对父亲和继母总是恭恭敬敬，不论做什么累活，毫无怨言总觉得这是自己应该干的，若是自己不去干，父母不也得受累吗？小小年纪，就懂得体谅别人。

后来，朱氏又生了个儿子，起名叫王览。打这以后，朱氏对王祥就更刻薄了，把王览视为宝贝，十分宠爱，把王祥当作眼中钉，非打即骂。

不过，王览是个性情温厚的孩子，对哥哥王祥很友好，很体贴，总是想方设法帮助哥哥。

王览四五岁的时候，他每当看到母亲责骂或殴打王祥，就扑到妈妈身边，抱着妈妈的两腿，不住地流泪。朱氏怕吓着自己的宝贝儿子，也就住了嘴，停了手。

王览十来岁的时候，就和王祥一起读书。朱氏见王祥抓紧时间念书就来气，没活也找点事让王祥去干。每当这时，王览也放下书本，陪着哥哥一起去干活，逼得朱氏只好让王祥回来。不然，不把所有的事做完，王览是不会回来，更不会一个人坐在屋中读书的。王览十分懂事地对母亲说："我是您的儿子，哥哥也是您的儿子，尽管他不是您亲生的。不过，您应当像对待亲生儿子一样对待他，您希望自己的儿子好好读书，将来能做一番大事，也应该多给哥哥一些读书的时间，不要老在他读书的时候支使他。您不愿意自己的儿子去做的事，也不要让哥哥去做。要是有非干不可的活，那就让我们哥俩一起去做。"

朱氏怕耽误了王览的学业，就收敛了一些。

王祥和王览长大以后，两人都娶了妻子。心胸狭隘的朱氏对王祥夫妇总觉得不顺眼，经常派他们做一些力所不及的事。王览见哥哥干不动，就去帮忙，见嫂嫂干不动，就让妻子去帮忙，弄得朱氏十分无奈。

父亲死了以后，朱氏对王祥更是常常虐待。由于王祥为人宽厚，又增长了不少学问，在乡里的名气渐渐大了。朱氏害怕王祥超过王览，就对他特别嫉妒。

有一天，朱氏偷偷地把毒药放进酒中，送给了王祥，想让他喝了后被毒死。王览对母亲的这一举动警惕起来，他从来也没见过母亲对哥哥这么好过，还亲自给他送酒喝，于是跑上前去，把酒瓶抢先夺到手中。王祥对继母反常的做法也起了疑心，怕弟弟拿去有什么不测，就连忙抢上前去争夺。一个握住不放，一个拼力争抢，两人在屋中周旋起来。朱氏听见响动，急忙抢走酒瓶扔了。

从此，王览就和哥哥一起吃饭，有酒他先喝，有菜他先举筷。看到他们兄弟二人如此，朱氏再也不虐待王祥了。

哥俩克己待人、忠厚容让的美德传遍了州郡，远播京城。王祥被徐州刺史吕虔聘为别驾，王览得到皇帝嘉奖，后被任命为宗正卿。

治家犹如治国

【原文】

治家之宽猛，亦犹国焉。

——《颜氏家训》

【译文】

治家的宽仁和严格，也好比治国一样。

家规心得

治家犹如治国，要把握好宽猛之度，不可失之偏颇。许多家庭都没有明确地立出家规，但是大家共同遵守的，相互认可的，也就是所谓不成文的家规了，在父母教育子女的过程中，家规中的思想也会渗透在其中。

家风故事

田稷子受贿遭母训斥

田稷子，战国时期齐国的宰相。

田母，既不是朝臣，也不是要人，作为一位齐国宰相的母亲，她用自己的言行督促儿子廉洁奉公，勤政为民。她这种深明大义、高风亮节的境界，同样令生活在两千多年后的我们感慨万分。

齐宣王执政时期，田稷子办事认真负责，处世公平正义，深得齐宣王的信任，被任命为齐国的相国。田稷子被拜为相国后，由于整日公务繁忙，又加廉洁清正，俸禄微薄，无法更好地赡养母亲安享晚年，心中有愧。

恰好，有一个下级官吏来拜见他，想托他办点私事，献给他百镒黄金，说是孝敬老夫人的一点心意。田稷子几番推辞，但碍于情面，最后还是收下了。

他把接受了下级贿赂的百镒黄金，带回家去交给母亲。母亲眼望百金，不但没有为儿子的孝顺而高兴，反而觉得可疑，便问道："你担任丞相已经三年了，从未见你有如此多的俸禄，难道是掠取民财、收受贿赂得来的?"

田稷子吞吞吐吐地回答说："是我的一个部下孝敬您的。"

田母顿时火冒三丈，气愤地说："难道我过去对你的教诲全都忘了吗?你这样做，是不是有愧于做一个正直君子的德行? 快告诉我这是从哪里来的?"

田稷子忙跪倒在母亲的身旁，泪如雨下，惭愧地说："孩儿没有忘记母亲的教导，这笔钱是一个下级官吏送我的。他知道母亲大人年迈体衰，特让我表达一下诚意和孝心，孩儿因国务缠身，无法在母亲身边尽孝，深感不安，就请母亲收下孩儿的这份孝心吧!"

田母听后，更加生气了，她严厉地斥责田稷子："你自己腐败堕落不说，难道还想让我陪着你毁掉一世英明、做个不忠不义之人吗?"

母亲转而又说："我常听说君子应当有道德修养，行为要纯洁，不随便取不应有的报酬;办事要尽自己的努力，说话要老实，不能欺骗人，不做不合仁义的事，不正当的钱财不拿到家里来;说的做的都一样，表里相符。"

"现在，国君封你做这么大的官，俸禄也很优厚，你就应当努力把国家的事办好。作为一个大臣，治理国家，应当把所有的能力都拿出来。要忠于职守。至死不变，还要廉洁公正，这样，办事才能顺利，自己也可以避免灾祸。而你的做法，正好相反:你上欺国君，下负百姓，距离一个忠臣的标准太远了，更忘记了平时我对你的教诲之言，实在让我痛心啊!"

接着，田母又哽咽地说："做大臣不忠，和做儿子不孝一样。不义之财，我不能要；不孝的儿子，我也不能要。"

田稷子羞愧难当："孩儿不孝，惹母亲生气，愿听凭母亲发落。"

田母说："速将金子退回，向宣王请罪，听凭国君发落吧！"

田稷子听了母亲的训斥，觉得很惭愧。他把人家行贿的钱全部退回，并且亲自入宫到齐宣王那里去请罪。

田稷子跪见宣王说："田稷子侍奉大王多年，大王宠信为臣，作为臣下应兢兢业业，忠心报效大王，但为臣有失大王之望，因一时糊涂，收受百金贿赂，有愧父母，有愧君王，有愧国家，犯了死罪，应当要处死，以正国法，以严家规，速求大王杀掉为臣，为臣才得以心安。"

宣王不解，说道："为什么？"

田稷子将自己受贿后遭到母亲训斥的经过如实禀报给了君王。

齐宣王听完后说："相国何至于此，我知道你的母亲德高望重，又年迈体衰，而你昼夜为国操劳，本王深知孝义之道，却不能使相国在母前尽孝，乃本王之过，想我堂堂齐国，沃土千里，国富民强，一代国相，百金又算得了什么呢？"

田稷子羞愧地说："罪臣田稷子自幼受严母教诲，本应尽心竭力，报效大王，但私受贿赂献给母亲，母亲非常生气。背叛大王乃不忠，不听母命乃不孝，不克己守法、身体力行，有失民意。我没有很好地管理下属，又辜负了大王厚望。如不是母亲一番教诲，我就将铸成大错，臣罪有应得，望大王赐臣一死。"

宣王听后，对田母严于教子的义行义举赞不绝口。鉴于田稷子能接受母亲的教育，主动自首，他决定赦免田稷子的罪过。于是，宣王亲自将田稷子扶起："相国这样严于律己，实在不易啊！我将下旨免除你的罪行，请你继续担任相国，辅助我治理好齐国。"并将千金赏赐田母，诏令天下学习田母廉洁清正、教子有方的高尚品德。

田稷子身为相国而严奉其母教诲，实乃不易；知错能改，退百金，向宣王认罪，更是难得。作为战国时期一大国之相，一人之下，万人之上，为国尽心竭力，取百金如九牛而取一毛，并无过分之处，然大张旗鼓退金、认罪、求死，是可贵的。况且田稷子受贿给其母，倘不声张，齐宣王也不会知道。田稷子实乃清官中的清官，仁臣中的仁臣了。从田母教导田稷子的语言，我们可以看出，田稷子教育田稷子廉洁正直，责备儿子不能拿取非义之财，教他要忠心尽职，竭尽全力。在位应该安守本分，尽忠职守，不白白地接受职位与俸禄。同时也很赞叹田稷子勇于改过的行为。田母的教子艺术是非常高超的，她言辞真切、字字珠玑、句句如针见血，分析事理透彻明了，使田稷子心悦诚服，不愧为中国历史上清正廉洁、教子有方的一代圣母，永远值得人们敬仰。

《诗经》里有这么一句话："君子不能不劳而获啊！没有功劳而接受职位、俸禄，都是不应该的，更何况是去取得非分之财呢？"田稷子母亲的道德标准和我们现代的道德标准当然不大相同。她所说的，要绝对地忠君，讲的是封建道德。我们提倡的是，忠于祖国，忠于人民。然而她反对儿子接受贿赂，却是很正确的。

古人说："君子不饮盗泉之水，不食嗟来之食。"中华民族的传统美德，在这位母亲身上得到充分体现。这样的母亲，值得今人学习。

媳孝婆贤铸家规

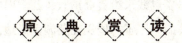

【原文】

丈夫穷，莫生嗔。夫子贵，莫骄矜。出仕日，劝清政……公婆言，莫记恨。

——《女儿经》

【译文】

丈夫贫穷窘迫，不要心生抱怨。丈夫孩子达官显贵，也不要傲横显摆。即使是当官了，也要多多监督，劝导他们要勤政廉明……对于公公婆婆的责备或者教导的言语，不要厌烦和记恨。

家 规 心 得

女人在家中要遵循以下两点家规：

第一，尊重长辈。

大凡说到婆媳关系，大部分是不和，甚至是怒目相向。而往往口诛笔伐的，又大部分针对媳妇。但还是有一类聪明的女人，她们不会和婆婆大动干戈，虽然在心理上无法一下子认定这个老太太就是自己的母亲，但她们懂得与婆婆的相处之道，她们用爱心、体贴、宽容，赢得了婆婆对自己的宠爱，也赢得了家庭的和睦。

第二，不要抱怨丈夫。

男人都是好面子的。爱丈夫的妻子应该懂得体贴丈夫，多关爱丈夫吧。

家 风 故 事

婆媳融洽

明朝时候，王槐庭的妻子周氏，十分孝敬她的婆婆。有一年收成不好，田里颗粒无收，纺织也无钱可赚，想借贷又没地方可借。米缸里的米粮已吃尽，婆婆又病得厉害，周氏一直拿自己的陪嫁嫁妆和首饰换钱，但此时嫁妆首饰也已典当完了。在这想无可想之际，没办法了，周氏便一把脱下身上还算周全的衣衫，叮嘱丈夫拿去典当了，好换点钱来给婆婆请医买药。而她衣单肚饥，也顾不上了。过了些天，她婆婆的病好了。周氏在菜园里锄地，忽然就锄出了一坛银子，足足有几万两。从此周氏再不用典衣换钱了，家里富足起来。而周氏所生的三个儿子，一个做了翰林（翰林：通过科举考试选拔进翰林院作为国家储备人才），两个中了秀才，周氏自己也平安地活到了九十五岁，无疾而终。

元朝时候，有个姓赵的孝顺媳妇，丈夫早亡，一个人拉扯着一个家庭，家里穷，她只好出外帮工，挣些钱来养活婆婆。在外凡得到些好吃的东西，她一定是自己不吃而带回来给婆婆吃，平日里也尽把好东西让给婆婆而自己吃着粗米糙饭。眼看着婆婆年岁渐长，一旦有一日去世，家里却穷得连一口棺木也买不起，怎么办呢？于是，赵姓媳妇便把自己的第二个儿子卖了，换回来一口棺木，放在家里。一天，南边邻居家失火了，火大风疾，眼看马上将烧到自家，赵媳妇急忙先扶婆婆逃出屋去，又返回来去挪那棺木，可棺木那么重，她哪里挪得动呢？赵媳妇便大哭着说："可怜我卖儿换回的棺木，哪一位能帮我抬出来啊！"话还没说完，只见刮着的风转了个方向，赵家竟安全无恙了。

这虽然是个传说，但故事告诉我们一个道理：好人有好报，家和万事兴，家庭的优良传统千万不能丢。

入则孝，出则悌

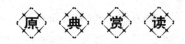

【原文】

弟子入则孝，出则悌，谨而信，泛爱众，而亲仁，行有余力，则以学文。

——《论语》

【译文】

弟子们在父母跟前，要孝敬二老；出门在外，要敬重兄长，言行要谨慎，要诚实可信，要广泛地去爱众人，亲近那些有仁德的人。这样亲自实践以后，如果还有余力，然后再去学习文化知识。

家规心得

孔子常常要求弟子们首先要致力于孝悌、谨信、爱众、亲仁，培养出良好的道德观念和道德行为。如果还有闲暇时间和余力，则用以学习古代典籍，增长文化知识。朱熹身为一代大儒，自然对这套礼节知之甚详，在家信中他对孩子谆谆告诫，要他们懂得要尊老爱幼，将这一传统美德传承并发扬光大。他写道："事师长贵乎礼也，交朋友贵乎信也。见老者，敬之；见幼者，爱之。有德者，年虽下于我，我必尊之；不肖者，年虽高于我，我必远之。"上面这些体现了朱熹对尊老爱幼这一传统的重视。对于这一流传了数千年的传统美德，当代的父母们也决不能将这一优良传统遗失，应当教育孩子们，让他们做到对长者尊，对少者爱。

孟子说："老吾老，以及人之老；幼吾幼，以及人之幼。"我们在家不仅要孝敬自己的父母，也要尊敬其他的老人，见了长辈要有礼，还要爱护年幼的孩子，让家庭与社会都形成一种尊老爱幼的淳朴民风，这是新时代的父母要教育孩子必备的素质。

家 风 故 事

伟大母亲抚养日本遗孤

1945 年 12 月，家住哈尔滨的 17 岁的姑娘方秀芝刚刚结婚一年，便听邻居说有一个日本女人病死在难民所里，留下了一女两男三个孩子。其中，两个大的孩子已被人收养了，而刚刚 4 岁的男孩青木弘吉始终没人收留，她便跟着邻居去看了这个孩子。当时，青木弘吉的小脸脏兮兮的，淌着鼻涕，冻得缩成一团。

方秀芝心软了，便把这个可怜的孩子领回了家，善良的丈夫并没有责备她的多事，还给孩子取了个中国名字，叫杨松森。

1992 年，杨松森跟随姐姐回到日本，与亲人团聚。但是，他也经常给方秀芝写信、打电话，每次都流露出对中国养父母的眷恋。杨松森说，在中国东北的土地上有他的家，有让他永远难以报答的中国妈妈。

与方秀芝一样的，还有很多老人都曾经收养过被日本人遗弃的儿女。这些日本儿女在回到日本后，依然与这些老人保持着亲密的联系，并时常来中国探望他们。

当年，日本侵略中国，犯下了滔天的罪行，给中国人留下了永久的创伤。然而，很多中国母亲以德报怨，即使在中国最艰难的岁月里，仍然顶住巨大的压力，把这些日本留华的遗孤抚养大。这种博大的母爱，也让这些长大成人的日本子女深受感染。

如今，这些日本遗孤回国定居后，也都成了促进中日友好的重要力量。

以德报怨，抚养敌人的"后代"，这种行为是伟大的，而这种感情更是伟大的，我们在为这些人感慨的同时，也应该学到，对待后代的关怀和疼爱的胸怀，是不分敌我、民族和国界的。

孝悌乃做人之本

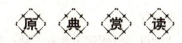

【原文】

士必以诗书为性命，人须从孝悌立根基。

——《围炉夜话》

【译文】

读书人一定要以读书为安身立命的根本，做人必须以孝顺友爱为根基。

家规心得

古人有云：书中自有黄金屋，书中自有千钟粟，书中自有颜如玉。这是古代大部分读书人读书求学的外在动力。虽然个人需要不能忽视，但读书真正的目的要时刻记在心中，那就是为国家和人民谋福利、做贡献。

读书是为了安身立命，那么做人必须先孝顺父母、友爱兄弟，这是做人最基本的品德。在传统的中国文化中，讲究"兄友弟恭"，最谴责"兄弟阋于墙"。这也是我们今天所要提倡的。一家之内，兄弟姐妹之间都应和睦相处，相互忍让，须知兄弟姐妹之间乃是骨肉至亲，"血浓于水"，何苦要争来争去呢？

家 风 故 事

孟子提倡孝悌

孟轲，战国时思想家，他提倡孝悌。

在一个秋雨连绵的夜晚，孟子和学生们围坐在一起讨论孝悌和修养的关系问题，好问的公孙丑首先提问："老师，您为什么那么重视孝悌呢？"

孟子解答："因为要实行尧舜的仁政，必须立足于孝悌。"

公孙丑接着问："那么，什么是孝悌呢？"

孟子解释说："孝顺父母为孝，尊敬兄长为悌。孝和悌是仁义的基础，只要每个人都爱自己的双亲，尊敬自己的兄长，天下就可以太平。"

孟子谴责不孝顺父母的人，认为不孝有五种。

学生公都子问他有哪五种。孟子说："世俗一般所谓不孝有五种。四肢懒惰，不管赡养父母，一不孝；好赌博喝酒，不管赡养父母，二不孝；好钱财，偏爱妻室儿女，不管赡养父母，三不孝；放纵耳目的欲望，使父母蒙羞受辱，四不孝；逞勇好斗，危及父母，五不孝。"

孟子还认为，父母死后，应当厚葬久丧。孟子老母死了，他隆重地送葬，棺和椁都选用上等的木料，还专门派学生充虞监督工匠的活儿。事后，学生充虞觉得选用的棺木太好了，便疑虑地对孟子说："前几天，大家都很悲伤，事情也急迫，我不敢向您请教。今天想私下请问：用的棺木是不是太好了呢？"

孟子解释说："对于棺椁，上古时没有固定的尺寸；到了中古，才规定棺厚七寸，椁要与棺相称。从天子一直到老百姓，讲究棺椁，不只是为了美观，而是只有这样才能尽孝子之心。礼制规定可以用，古人都这样用，我为什么不能这样做呢？我听说过，君子不会因为天下的缘故而在父母身上节俭。"

公元前 325 年，滕国的国君滕定公死了，太子（即滕文公）派然友去请教孟子怎样办丧事。孟子对然友说："父母的丧事尽心竭力去办就是了。曾子说过：'当父母在世时，应按照礼节去侍奉；他们去世了，应按照礼节去埋葬和祭礼，这就是尽孝。'诸侯的丧礼，我虽然不曾研究过。但我也听说过，就是实行三年的丧礼。三年守丧，穿粗布缝边的丧服，吃稀粥，从天子到平民百姓，夏商周三代都是这样的。"

　　然友回到滕国，把孟子的话向太子汇报了，太子觉得孟子说得有道理，便决定实行三年的丧礼。但是，命令下达后，滕国的百姓和官吏都不愿意，有人说："三年丧礼，连我们的宗国鲁国的历代国君都没有实行过，我们何必去实行呢？"还有人说："这样做，耗费太大了。"

　　当时议论纷纷，众说不一。太子也觉得难办，又把然友找来，对他说："我过去不曾搞过学问，只喜欢跑马舞剑。今天，我要实行三年之丧，百姓和官吏都不同意，恐怕这一丧礼我难以实行，请您再去替我问问老夫子吧！"

　　然友受太子的委托，又匆忙坐上马车去请教孟子。孟子听了然友的介绍后，严肃地说："唉，这么一件事，太子何必老问别人呢？孔子说过：'国君死了，太子把一切政务交给相国，在孝子之位痛哭就是了。这样，大小官吏没有人敢不悲哀的，因为太子亲身带头的缘故啊！'国君的作风好比风，百姓的作风好比草，风向哪里吹，草自然向哪边倒。这件事，太子的态度一定要坚决。"太子听了然友的汇报后，坚定地说："对，这应当取决于我。"

　　于是，太子在丧棚里住了五个月，不曾亲自颁布过任何命令和禁令，这样一来，官吏们和同宗族的人都很赞成，认为太子知礼。五个月过去了，到举行殡葬的那天，各国都派使者来吊丧，四面八方的人都来观礼，太子面容悲哀，哭泣哀痛，参加吊丧的人也都哀之。

　　孟子宣扬的厚葬久丧，已没有人遵奉了，但他提倡的尊敬父母兄长，感激父母的养育之恩已成为美好的道德风尚。

第一章

家有家规：治家首要正家规

兄弟要同舟共济

【原文】

父之笃，兄弟睦，夫妻和，家之肥也。

——《礼记》

【译文】

父子亲厚，兄弟和睦，夫妇相敬爱，这个家庭就能幸福丰裕。

家规心得

列夫·托尔斯泰说："幸福的家庭家家相似，不幸的家庭各不相同。"苏东坡词云："人有悲欢离合，月有阴晴圆缺，此事古难全。"这两种表达方式的意思是相近的，都揭示了人生复杂、曲折、充满酸甜苦辣的一面。通观历史与现实可以看到，家庭作为社会的细胞和基本组织单位，其存在和发展像整个社会一样，不可能总是充满欢声笑语，大大小小的困难、曲折、不幸以及各种各样的风风雨雨总是与家庭的发展紧相伴随。不测风云、旦夕祸福总是会突然降临于某些家庭。从一定意义上可以说，曲折发展也是家庭生活和人生旅程不可避免的轨迹。

困难和不幸既然常常伴随着家庭生活，那么，如何应对家庭的困难、不幸，甚至灾难，对每一个家庭来说都是需要认真思考和严肃对待的问题。一个家庭是否坚固，是否有真正的爱，是否真正有凝聚力和亲和力，一般来说，在平静的生活中往往很难考察，只有在困难和不幸面前才能真正测试出来。因而，对每一个家庭来说，困难和不幸都是一个十分严峻的考验，是测量家庭关系是否稳固的一个试金石。正如著名作家管桦所说："如果说你的家庭是幸福的，请问，你的家庭经过灾难吗？受过生活中浅薄的羞辱吗？共尝过悲伤与欢乐吗？如果经受过，才可以说你的家庭是幸福的！"在现实生活中我们也常常看到，有的家庭经受不住困难的考验，以至于当家庭发生不幸事件时，夫妻反目成仇，父母子女相互埋怨，兄弟之间相互指责，家庭濒于破碎。有的家庭则在困难和不幸面前坚如磐石，家庭成员之间相互体谅、相互鼓励、彼此关照、同舟共济、共渡难关。因而经过困难和不幸的考验，家庭成员更加团结，家庭更具凝聚力和亲和力。

由于家庭困难、不幸、灾难发生的具体条件和背景不尽相同，表现形式和轻重程度各异，因而，应对家庭不幸的具体方法也是各不相同的。依据以上几则言论和案例所提供的思路，我们可以把应对家庭困难和不幸的正确途径总结成以下三个方面。

其一，正确对待困难和不幸，不向命运屈服。如上所说，既然在某些条件下，困难和不幸不可避免，那么，面对困难和不幸，首先应当有一个平和的心态和正确的态度。在困难和不幸面前，绝不能唉声叹气、丧失信心、向命运屈服。而是要以积极的态度迎接困难，向命运挑战，想方设法营造一个良好的家庭小环境，克服困难，摆脱不幸。

其二，面对家庭困难和不幸，家庭成员之间要相互体谅、相互理解，而不能互相埋怨、互相指责。在一定时期，家庭困难和不幸的发生注注直接表现为家庭中某一个成员的困难和不幸。如家庭某一成员患严重疾病，或者下岗失业，或者工作失意等。每当这时，家庭其他成员要给以体谅和理解，而不能相互埋怨和相互指责。须知，无论是哪一个家庭成员出现困难和遭遇不幸，他最需要的都是来自家庭的理解和帮助，这种理解和帮助所具有的力量，是任何其他力量都无法代替的。家庭中有些悲剧的发生，并不是由外部的困难造成的，而是由家庭成员之间的不理解和相互漠视造成的。

其三，面对家庭困难和不幸，家庭成员之间要互相鼓励、安抚，彼此关照，彼此援助，同舟共济，切莫只顾自己，不顾他人。无论家庭中哪一个成员出现困难和不幸，都是整个家庭整体的困难和不幸，特别需要家庭全体成员之间相互鼓励、彼此关照，也特别需要家庭成员具有团结协作、同舟共济的精神。现实生活不断昭示我们，当家庭遭遇不幸甚至

第一章 家有家规：治家首要正家规

灾难的时候，当然需要亲朋好友的支持，也需要社会其他成员的同情和支持，但最重要的力量则来自家庭内部，来自家庭成员精诚团结、同舟共济的精神。

家 风 故 事

君良出妻

隋朝时候，刘君良家里四代同住，人人和睦相处，就是一斗米一尺布都归公，没有一个人会在私藏公物。大业末年的时候，年谷不登，民不聊生，君良的妻子便劝丈夫干脆把家产分了，分了家他们的日子会好过一些。但君良没听自己老婆的话。这个妇人屡屡劝丈夫，丈夫都没听，她便心生一计。她偷偷地把门前两棵树上鸟巢里的小鸟互相调换了，等母鸟回到巢里，发现不是自己的孩子，两边的鸟儿便都鸣叫起来，互相斗着，叫着，乱作一团。家里的人见到鸟又斗又叫，都很奇怪，还有些惊慌，这时，这个妇人就放出话来，说："天下要乱了，连禽鸟都不相容，何况是人呢，这表示我们得分家过才可躲过荒年呀！"这种景象确实令人纳闷惊慌，刘君良和他的弟兄们听了这种谣言，想想也对，便真的分了家。一个多月后，君良无意中知晓了原来这一切都是妻子导致的，非常气愤，一气之下就把妻子赶出了家门，说："你破坏了我的家。"一面又赶紧找到兄弟们，哭着说明了事情真相，兄弟们又和好如初，并亲密无间地同住在了一起。其他族人知道这事以后，便纷纷在他们家边上建了房屋居住，很快就形成了一个很牢固很团结的家族小部落，起了个名叫"义城堡"。

曾经，何椒邱做太守的时候，有对兄弟也是因分家而争上公堂，何公调查后知道是双方妻子起了谗言而破坏了兄弟间的感情，便判诗说："只因花底莺声巧，致使天边雁影分。"借以讥讽世人所有不和皆由内出，那对兄弟见诗幡然醒悟。没承想，刘君良妻竟以令鸟斗来离间一家和气，真是更费尽心机呀！难怪君良要逐妻出门了。

重视家教兴家风

【原文】

吾家风教，素为整密。昔在龆龀，便蒙诱诲；每从两兄，晓夕温清，规行矩步，安辞定色，锵锵翼翼，若朝严君焉。

——《颜氏家训》

【译文】

我家的门风家教，向来严整周密，在我还小的时候，就受到引导教诲。每天随两位兄弟，早晚孝顺侍奉双亲，冬日暖被，夏日扇凉，言谈谨慎，举止端正，言语安详，神色平和，恭敬有礼，小心翼翼，好似拜见尊严的君王一样。

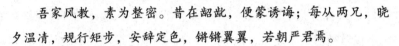

众所周知，重视家教是中华民族的优良传统，记载家教的书籍也很多，家教格言、谚语更是在民间广泛传播。其实教育并不抽象，无非是让孩子从小养成良好的行为习惯，而好习惯的养成，其实就在于生活中每一天的积累。

高尚的品德是孩子一生享用不尽的财富，父母应当让孩子学业成绩优秀的同时，注重对孩子的品德教育，帮助孩子养成无私、勤俭、正直的好品质。

小孩子是一张白纸，而家长是画师，画师每下一笔，纸上的内容就丰富一些。成功的画师，善用画笔，每下一笔都是有用意的，看似随意地涂抹，实为精心地设计，直到完成一幅美妙绝伦的画来。成功的家长也要如同成功的画师一样，在孩子小的时候就要善于运用循循善诱的教育方法。

家风故事

刘海粟之母

刘海粟（1896—1994），名槃，字秀芳，江苏武进人，中国画家、美术教育家。1912年在上海创办中国第一所正规美术学校——上海图画美术院（上海美术专科学校前身）。作品有《黄山》等。

刘海粟出身于江苏武进的一个封建世家，刘海粟的母亲洪淑宜，出身于江苏武进的名门，她的祖父洪亮吉是清代著名的诗人、学者。这样的诗书之家使得她很重视对儿子的家庭教育。洪淑宜对儿子刘海粟的教育是多方面的，她不仅重视对孩子读书、识字的教育，还很注重对孩子的品德教育。她经常给儿子讲述古代忠臣义士的故事，诸如司马迁发奋著书的事迹、岳飞抗金的英雄故事……每每讲到动人处，她都会感动得落泪。无论是诗文教育，还是故事讲述，洪淑宜都教育刘海粟做人除了要立业，更要立身、立言。她对刘海粟说："要先有器识，然后才可以谈学问。否则学问再高，如为人品所累，难以名垂青史。一人一家锦衣肉食，亲友啼饥号寒，面无愧色者，非吾儿也。"

在教育刘海粟的过程中，她讲述最多的就是自己祖父洪亮吉与诗人黄仲则的故事。诗人黄仲则从小家难频繁，但少有诗才，他与洪亮吉对彼此的才华惺惺相惜，曾被时人称为"洪黄"。黄仲则35岁时客死异乡，洪亮吉闻讯后，昼夜兼程四天四夜，奔走七百余里，从陕西西安赶至山西运城，扶老友棺柩归葬故里。后来，洪亮吉还整理和刊刻了黄仲则的遗作。洪淑宜给刘海粟讲述这些，目的就是培养和教育刘海粟懂得做人立身的根本。

正是因为有了母亲的这些为人处世的教育，所以刘海粟有着强烈的叛逆性格，经常做出很多不被当时人理解的一鸣惊人的举动。14岁时，刘海粟只身前往上海，在周湘创办的背景画传习所学习西洋绘画，以后又在家乡自办图画传习所，边教书边自学。后来又独自一人来到上海，和一些志同道合的朋友一起开办了上海图画美术院，为了勉励自己，他给自己改名为"海粟"，意思是"渺沧海之一粟"。

由于刘海粟第一次将西方的人体模特的方法引进当时还很封建落后的中国，引来了很多人的非议和威胁。但刘海粟知道，引进人体模特对中国现代美术意义重大，所以他说："我刘海粟为艺术而生，也愿为艺术而死！我宁死也要坚持真理，决不为威武所屈！"以此表明自己追求艺术和不向世俗妥协的决心。

不仅如此，他还亲自带领学生到杭州西湖写生，打破了关门画画的传统教学规范；又大量招收女生，开中国男女同校之先河。他在现代美术教育史上创造的数个"第一"，至今仍有意义，而且这种意义早已超出了美术史和教育史本身，从一个侧面展示出中国社会告别传统走向现代的曲折历程。

刘海粟成为一代著名画家之后，不仅成为后学的良师，而且还热心为友，这一点很为时人与后来人所称道。他与诗人徐志摩、学者胡适等人都有很好的私交，当年，徐志摩曾因为自己与陆小曼的爱情备受阻挠而苦恼，于是求救于当时已经大名在外的刘海粟。刘海粟亦慷慨允诺给予帮助，后来终于促成了徐志摩与陆小曼的一段姻缘。

爱子不教非爱也

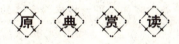

【原文】

爱子不教，犹饥而食之以毒，适所以害之也。

——申涵煜《省心短语》

【译文】

疼爱孩子而不教育他，就像让一个正当饥饿的人吃毒药，这是害了他。

第一章 家有家规：治家首要正家规

家规心得

教育子孙、传授经验非常重要。当然教育的内容不止于传授生活的经验，还包括礼乐文化、道德规范以及文化知识。

人的生活习惯和道德品行大多是在幼年养成的，所以中国古代家庭都很重视孩子从小的道德教育，把教育子弟视为自己不可回避的义务。父辈们从一点一滴的小事开始，把社会上的基本伦理精神和道德规范灌注在孩子的心灵中，实现在行为上，从小就教育子女成为一个有道德的人，能承当起齐家治国的义务。

孩子年龄稍长，就会被送入私塾读书。大户人家干脆自己延请塾师，教育本族子弟，贫寒的族人也能免费进去读书。《红楼梦》中的私塾顽童就是这种教育方式的见证。更有家境富裕的大户人家，干脆给孩子请了专职家庭教师，让孩子修习孔孟之道、圣贤之书。古代私塾注注是为求取功名做准备的，因此，其教育注注是针对科举而进行，有点类似于我们现在的应试教育之于高考制度的含义，所以，这种教育对孩子创造性的发挥以及生存技能的培养是不利的，但古人为了孩子能够出人头地，也并不深究，况且，他们还没有素质教育这个概念。

传统家庭都有着强烈的望子成龙的心理，对子女的培养倾注了全部的精力，所以也尽可能使教育更加全面，能够囊括生活的所有内容。《韩诗外传》说："夫为人父者，必怀仁慈之爱，以富养其子，抚遁饮食以全其身。及其有识也，必严居正言以先导之；及其束发也，授明师以成其技。"对子女的教育包括品德、知识、技能、交际等各个方面，即一切成为合格的社会成员必备的条件，以使他们成为有用之才。

教育是家庭角色分工中对长辈的要求，对子女的要求是什么呢？那就是"从"。要求子女从父教诲，并不是要求孩子对父亲唯唯诺诺。

《左传》规定"父慈而教"的同时，也要求"子孝而箴"，就是规劝父亲过失的意思。所以，"从"也是从义而行，只是到了"三纲"日渐严密的时代，"天下无不是的父母"，父为子纲才取消了孝子箴规父辈的责任，而成为盲目的服从了。这个"从"有两方面的含义：一方面是听从长辈的教导，使自己成为一个道德修为、能力才具各方面都出类拔萃的人，以光大门楣。这就是"父在，观其志"的意思，看子孙的志向是否与父辈教导有违，是否遵循了父辈给他指点的人生之路，是否让父辈的教育卓有成效，这就是孔子把它列为孝德参考因素的原因；另一方面就是从"父辈之志"，要认真践履父辈教给自己的人生哲学，至少要坚持三年，在三年之后可以因时而略加修改；要用行为巩固父辈的教育成果，发扬光大父辈的事迹，传父辈之令名于青史。

古代中国这种重视教育的传统，为我们留下了丰富的教育思想，有许多是至今有效的。他们对子女教育，尤其是道德教育的重视程度，以及某些方法，也值得我们学习。但是，他们对于受教育者的态度，却并不完全正确，要求子孙三年不改于父之志，尽管有人情味，也不难做到，但是未必正确。父辈之志并非完全正确，所以也无须遵循无违。这就要求父辈在教育子女的过程中，对教育这件事的行为本身可以严加遵守，但是，对教育的内容选择、受教育者自己的心意和理想以及受教育者的选择权应该有着一定的尊重，在不违背大原则的情况下，能够宽和、厚道、忠恕。

家风故事

欧阳修之母：严母育高才

欧阳修（1007—1072），字永叔，号醉翁，六一居士，吉州吉水（今属江西）人，自称庐陵人，北宋时期政治家、文学家、史学家。与韩愈、柳宗元、王安石、曾巩、苏轼、苏洵、苏辙合称"唐宋八大家"。

欧阳修出生于一个低级官吏家庭，他四岁丧父，父亲的去世使原本就不富裕的家庭更加贫困。为此，他连读书需要的纸和笔都买不起。虽然生活艰难，但她的母亲却暗下决心要把儿子教育成才。为了克服没有纸笔的困难，欧阳修的母亲就用荻草当笔，大地做纸，以此来教欧阳修学文识字。

对于欧阳修的母亲而言，所有的希望都寄托在儿子的身上。也正因为如此，她对欧阳修的教育近乎苛刻。欧阳修写字，她要求他写得工工整整；欧阳修背书，她要求他一字不落；欧阳修学习作文，她要求他字斟句酌。欧阳修母亲为他所做的这一切，不仅给欧阳修打下了坚实的文化基础，而且还养成了欧阳修严谨的学风。

欧阳修也很懂得母亲的心思，更加发愤读书。他的母亲看到儿子不仅学习勤奋，而且好读书，喜欢读书，内心十分欣慰。欧阳修读书的时候非常认真，一词一句都仔细咀嚼品味，从不马虎。为了让欧阳修可以多读书，读好书，欧阳修的母亲经常向邻居借书。每当借到一本好书，母亲不仅督促儿子认真阅读，还要求儿子抄写，以方便欧阳修日后随时翻阅。在向邻居朋友借书时，欧阳修的母亲都事先和人家说好几时归还，为了在规定时间内将书读完，有时即使是寒冬腊月，欧阳修也不得不冒着严寒阅读、抄写。而也正是因为他们的诚实守信，邻居朋友都乐意借书给欧阳修。

有一天，一个偶然的机会，欧阳修借到了唐代大学者韩愈的作品，欧阳修非常喜欢韩愈的文笔和观点，仿佛看到了韩愈与自己幼年一样不幸的遭遇，因此，他把韩愈引为知己。就凭着这样的精神，尽管欧阳修的家庭贫困，无力买书，但他却依然能够读到很多书。在博览群书的日子里，欧阳修积累了知识，增长了见识。

正是由于有了艰辛生活的磨炼，欧阳修对生活的感悟特别深。他所写的诗赋文章，文笔老练，和成年人写出的文章没有多大的区别。因此，欧阳修的叔叔看到了家族振兴的希望，曾对欧阳修的母亲说："嫂子不要因为家里贫困和孩子年幼为顾虑，我看到欧阳修是个有奇异才能的人，他一定能重振家门的，能为国家做出很大贡献。"母亲听了，更加强了对欧阳修的培养。

在母亲的严格要求下，欧阳修的学问大长。后来，他考中了进士，由于才能卓著，政绩突出，他很受当地百姓爱戴。后来他官至宰相，领导了北宋著名的诗文革新运动，为北宋的文学注入了新的活力。在处理国家政务的同时，欧阳修还积极举荐人才，"唐宋八大家"中的苏洵、苏轼、苏辙、曾巩等人，就是由于欧阳修的慧眼识英才而在众多读书人中脱颖而出的。

教弟子如同养女

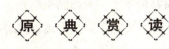

【原文】

养弟子如养闺女，最要严出入，谨交游。若一接近匪人，是清净田中下一不净的种子，便终身难植嘉禾矣。

——《菜根谭》

【译文】

培养弟子，要像养育女孩子那样谨慎才行，最关键的是要严格管束他们的出入和注意所交往的朋友。万一不小心结交了行为不正的人，就好像是在良田之中播下了坏种子，从此就可能一辈子也难长成有用之材。

家规心得

从古至今，中国人对子弟的教育一直都非常重视，并且在这方面做出了巨大的贡献。孔子说：小时候培养的品格就像是生来就有的天性，长期形成的习惯就像是完全出自自然。人的性情本来很近，但因为习染不同便相差很远。孔子为了教育事业，培养出了一批又一批的栋梁之材，他的学生大多数都成了思想家、教育家。

中国人重视子弟的教育，尤其重视外部环境的选择。

家风故事

岳母教子

世界上最诚挚的爱是母爱，母爱中最崇高的情怀是奉献。把毕生的爱奉献给孩子，教育鼓励孩子精忠报国，历来是中华民族承传发展下来的崇高美德。千百年来，中国的母亲们倾注一腔热血，甘于牺牲自我，塑造了一代又一代英雄儿女。

岳飞的母亲姚氏，正是这样一位永为中华儿女赞颂的英雄母亲。

岳飞一家，世代以种地为生，以多年的辛劳所得购置的几亩地，盖上房子，日子过得还顺畅。岳飞出生的那天，因喜得贵子，夫妇俩正高兴，筹划着给孩子取个吉利的名字。正寻思间，空中一声长唳，一只大鸟呼号着从屋顶飞过。两人一合计，就给孩子取名为"飞"，字鹏举，以期孩子将来有一个好的前程。

可是，天有不测风云。一天，刚生下男婴才十几天的姚氏被炸雷似的轰隆声、水声与人们的哭声、喊声、惨叫声惊起，奔出门外，只见远处黄乎乎一片，洪水一浪高过一浪，排山倒海地涌向岳家庄。原来是河南相州汤阴县黄河堤坝决口了。

她一声惊呼，奔回屋内，抱起炕上的孩子往门外冲去。

"不行！"还未跨过门槛，她又收住了脚步。"跑得再快也快不过洪水！"怎么办？她扫视屋内，眼光停留在一只盛水的大缸上，放下孩子，一把推翻水缸，把水倒尽挪出门外，飞快抓过一条棉被垫在缸底，抱起孩子坐进缸内。说时迟那时快，洪水瞬间涌来。浮在水面的大缸，载着姚氏母子，随波逐流，漂往远方。

姚氏坐在缸里，四处寻找着丈夫，洪水茫茫，水面上到处是漂浮的箱柜、翻滚的树木以及在水中挣扎的人们，唯独看不到亲人的身影。她流着泪，把脸紧贴在对危难毫无所知、已酣然沉睡的孩子脸上。

不知过了多久，大水缸漂过一个又一个村庄，终于在一个荒凉的岸边停住，姚氏母子二人终于保全了生命。而这个幸运的孩子，就是日后的抗金英雄岳飞。

一场洪水，冲坏了房屋，荡尽了家财，洪水退后，姚氏带着孩子回到家，看着往日熟悉的村庄已成废墟，年幼的孩子尚在哺乳之中，丈夫此刻又下落不明，姚氏止不住泪如雨下，但咬咬牙，开始收拾这破败不堪的家。从此，她把持家育子的重担挑在了自己的肩上。

地无法种了，白天她走门串户，替人打短工做零活；晚上，她纺纱织布、缝衣补袜，维持生计。她深爱自己的儿子，但是她知道，生存的能力靠幼年的磨炼。孩子刚刚懂事，她做了一个小柴扒，编了一个小筐，对岳飞说："飞儿，你已经长大了，帮助妈妈干干活吧。"小岳飞兴高采烈，拿着小柴扒，背着筐漫山遍野去拾柴草。烈日晒着稚嫩的手和脸，荆棘刺破了双手，树桩扎烂了双脚。姚氏含着眼泪，用热水敷平孩子身上的肿块，挑去一根又一根的荆棘。姚氏的心里，涌起的是一个母亲的无限柔情与欣慰。

她知道，幼小的心灵，不仅需要风雨的锤炼，更需要意志的磨砺，于是，每天晚上，无论多累多倦，她都要给孩子讲上几个故事：伯夷和叔齐不食周粟饿死山沟；管宁轻财重义，断袍割席；孔融让梨，敬老尊长；荆轲刺秦，舍生取义；苏武牧羊，民族气节长存……看着孩子一日一日地成长，一日一日地懂事，她感到欣喜，感到安慰。

她还知道，读书识字，是创立大业的基础，于是，拿出自己用血汗换来的积蓄，买来书籍笔墨，在若明若暗的灯光下，一字字、一句句，教孩子读书、写字。岳飞是个聪明的孩子，很快把妈妈教的一切都熟记于心。姚氏想：这孩子若有个好根底，将来一定可以成才。于是她拔下头上的银簪，把仅存的唯一的嫁妆送进了当铺。然后捧着几纹碎银，牵着小小的岳飞，来到村里的私塾。看着满脸憔悴却双目闪烁着无限期冀之光的姚氏，教书先生两眼湿润了。他为这生计尚难维系却有着如此强烈求学愿望的孤儿寡母所感动。

从此，课堂里，多了一个手持柴扒、竹筐里背着书和笔的学生；山路上，晨曦与暮霭中，总有那肩背树枝干草，手捧诗文书卷的柴娃的身影在晃动；灶口边，跳动的火光，使宁静沉思的脸庞更俊美；池塘旁，阵阵蛙鸣与抑扬顿挫的琅琅读书声汇成了动人的乐章。

年复一年，岳飞遍读经史子集，尤喜《孙子兵法》。历代名将英勇的身影与谋略的睿智，伴随着年龄的增长一天一天地刻入岳飞的心田。他常常猛地站起，昂首沉思，来回踱步。姚氏明白，这是孩子正在为书中豪杰的英雄气概或书中的精彩语句所激动、所感奋。每逢这时，她总是默默坐在一旁，边做针线活，边含笑地看着孩子。一股暖流，从心头涌起，她把千分的挚情万般的慈爱，一针一线缝进了孩子的衣衫。

第一章　家有家规：治家首要正家规

北宋末年，是一个昏君当朝、奸佞肆虐，黎民百姓备受阶级压迫与外族侵扰掳掠的时代。生活在我国北方黑龙江流域的女真族，虎视眈眈地盯着南方，日夜想着把享有"三秋桂子、十里荷花"美誉的江南沃土占为己有，并发动一次又一次的战争，侵吞大片宋朝国土，把广大百姓推入腥风血雨、水深火热之中。民族的耻辱，国家的危难，深深地刺痛着姚氏的心。

听说乡里有位周同先生，武艺高强，人品高尚。姚氏对岳飞说："孩子，忠臣须报国，报国必有艺。国有难，不习武无以卫国保家。跟周先生学本领去吧。"她领着岳飞，拜周同先生为师习武。

此时的岳飞，已从一个农家娃子磨砺成一个意志坚强、铮铮铁骨的硬小伙。艺震河南的周同，对这位充满正义、气度非凡的徒弟，有着特别的爱。他把岳飞视如己出，自己的刀、枪、剑、棍百般武艺，都毫无保留地传授给岳飞。在名师的精心培育下，不几年，岳飞的武艺日益精进，射箭百发百中，十八般兵器样样精通。他力气过人，三百斤的硬弓，振臂就开，人们都说："当朝的武状元，非这孩子莫属！"

一天，姚氏因事到镇里，见城墙上贴着一张告示，一看，是金兵大举进犯，屡破宋城，留守宗泽征兵，号召青壮年上阵救国。姚氏连事都来不及办，三步并着两步赶回家，拉着岳飞，又往镇里赶去。跟着母亲，岳飞满脸惊异，边走边问："干什么去？娘。"

"杀敌，杀敌！"

就这样，岳飞成了宗泽麾下的一员小将。

队伍开拔那天，岳飞前来向母亲拜别。望着满身装束的孩子，姚氏心里翻起一阵又一阵的热浪。她又像看到了茫茫黄涛中那张还在酣睡着的小脸，看到了那冻肿的小脚板上扎着的刺针，看到那听完苏武牧羊故事睁大了的双眼，看到那掩卷沉思、来回踱步的身影。

她凝神静思，双眼一亮，缓缓站了起来，走进了内室。转身出来，手端着香炉、烛台，在岳家灵台前一一放好。缕缕清香，在点点闪亮的香头上飘绕，欢腾跳跃的烛火，把姚氏、新过门不久的儿媳妇李氏及岳飞的脸都映得通红。

她从一小盒中拿出一根两寸长的钢针，对岳飞说："你能上阵报国，为娘心里高兴。从小到大，娘告诉过你，文官不贪财，武官不惜死，国家有望。为使你永世不忘，娘要在你背上刺下几个字，以作你陷阵杀敌，报效国家的警言!"

"母亲说得极是。"岳飞跪下，解开上衣，附下身去，铁铸一般纹丝不动。

微微颤动着的针扎了下去，随着一点艳丽血花的溢出，岳飞的肩，轻轻地一动。

"痛吗?"姚氏停住手，低声问道，咽喉有点哽咽。

"不!"岳飞抬起头，笑一笑，回答母亲。

"好儿子，有志气!"

钢针在肌肤上点点刺下，一道道红痕随着针尖的起落显出，当最后一点红珠冒出时，"精忠报国"四个鲜红的大字赫然刺在岳飞铁板般的脊背上。

姚氏让儿媳端来清水，洗去血迹痕，又用醋墨在刺处涂上一遍。黑中透红的大字，永久留在了岳飞的身上。

带着母亲的深情，岳飞奔向军营大帐，开始了他惊山河、泣鬼神的新的人生旅程。

从投军的第一天直到被害殉国，岳飞始终不忘母亲的训导。他舍生忘死，挥枪驰骋于战场上，用自己的生命与热血，捍卫国家与民族的尊严，以"撼山易，撼岳家军难"的无畏气魄，使敌人闻风丧胆，弃甲丢盔，为收复沦陷山河立下了赫赫战功;他廉洁奉公、刚正不阿、忠心赤胆、精忠报国，受到朝野群臣、广大百姓的爱戴与敬重。正当他所向披靡、复国在望时，却受到以赵构、秦桧为首的卖国贼、投降派的陷害。行刑时，岳飞撕裂衣襟，背上"精忠报国"四个大字和他大义凛然、与日月同辉的气概。但在邪恶猖獗的那个年代，岳飞终被害死于风波亭。

一代豪杰岳飞，连同他母亲对他、对国家、对民族的无私奉献，永远为华夏子孙敬仰与传颂。

第一章 家有家规：治家首要正家规

家规要赏罚严明

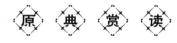

【原文】

子孙故违家训，会众拘至祠堂，告于祖宗，重加责治，谕其省改。若抗拒不服，及累犯不悛，是自贼其身也。

——《庞氏家训》

【译文】

子孙故意违犯了家训，应当众抓到祠堂，祷告祖宗，对其重加惩治，晓谕他反省改正。若抗拒不从，并且累犯不改，是自毁其身。

家规心得

惩恶扬善、赏罚严明一直是中国古代思想家、政治家孜孜不倦探讨的话题。从《尚书》上说"天命有德""天讨有罪"开始，许多思想家都认为人类明乎赏罚之道是奉天而行，不是个人权柄；是替天行道，不是个人恩怨。也有思想家从功利的角度分析惩恶扬善、赏罚严明的实际效果，如韩非子的"赏有功，罚有罪，而不失其当，乃能生功止过也"就是看到了惩恶扬善对"生功止过"的作用。

赏罚严明的最主要含义就是赏罚得当，也就是韩非子所说的"赏有功，罚有罪，而不失其当"，因为赏及无功，无以劝善，罚及无罪，无以惩恶。因此，赏一定要赏功赏善，罚一定是罚错罚恶，即使是亲爱之人，有恶必罚，讨厌之人，也要有善必赏，否则就难以起到威慑作用和教化作用。

赏罚严明的另一层意思就是赏罚有时。不可轻易重赏重罚，另外，还要把握赏罚的有利时机，正如康熙皇帝所说："罪之不可宽者，彼时则惩责训导之，不可记恨。若当下不惩责，时常琐屑践踏，则小人恐惧，无益事也"，而且，时过境迁，再去劝惩教育意义就不会很大。

在家庭教育中，古人认为，惩恶扬善也是非常重要的。因为孩子没有是非判断标准，缺乏辨别善恶的理性能力，父母的奖惩行为能帮助他们获得行为是非善恶的标准，所以颜之推提醒子孙对孩子的奖惩一定要合理，父母对孩子不可"饮食运为，恣其所欲。宜诫翻奖，应诃反笑"，否则，孩子就不能成为有德有用之人。这种思想是很智慧的，因为，在孩子简单的心灵里，父母奖励的行为都是合理的行为，而惩罚的行为都是不对的，如果父母奖惩失当，就会使孩子形成错误的是非观念，一旦成为习惯，再去纠正就晚了。因此，合理的赏罚是帮助孩子形成正确的评价方式和行为方式的一个重要手段。

在古人看来，无论是国家军政大事，还是普通家庭的管理和教育，赏罚严明都是一条基本原则和方法，这个观点至今仍有效力。因为，只有赏罚严明才能培养人的责任心，也只有赏罚严明才能有效地帮助孩子成长。无论是家庭治理还是经国大事，都需要人们积极参与和用心从事，而合理的赏罚能对人的行为起着导引、刺激、推动、规范作用，从而对人生事业起着积极的推动作用。

现代家庭和现代企业也应该有效利用这个手段，因为它不仅能提高人的责任感，减少自私自利行为对共同事业的损害，它还是一个公平问题。也就是说，即使赏罚严明不能带来预想的效果（这种可能性很少），但因为这个行为本身具有道德价值，是对行善者、有功者的回报，强调了德福一致的立场，因而应该成为现代生活不可抛弃的一个原则。

家风故事

严母消兵乱

李景让，唐朝时期书法家。由于家规很严，小时候如果犯错，母亲便会打他。李景让长大做了大官后，犯了错误，他的母亲也是照打不误，也不管他是不是高官，更不管他两鬓已经斑白。当他任浙西观察史时，有个部下违背了他的意愿，他竟然将其鞭打至死，军中愤怒，准备哗变。母亲很快就知道了这件事情。在李景让处理公务的时候，母亲走出内门站在厅堂之上，让李景让站在庭下，并斥责他说："皇帝将一方军政事务交付于你，你竟然将国家刑法拿来作为发泄个人喜怒哀乐的工具，胡乱杀人！万一引起一方动乱，岂不是上负君恩，下负高堂！你使我含羞如此，我有什么面目见你的祖宗？"接着就命手下脱去他的衣服，让他坐在一旁，准备鞭打他，手下为之求情也被拒绝了，军中将领们再拜而哭，母亲才罢手，这样，一场动乱就因其母教育儿子承担责任而消弭于无形。

治家应明确家规

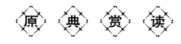

【原文】

夫家之有规，犹国之有经也；治国不可无经，刑家不可无规。

——张伯行《正谊堂文集·家规类编序》

【译文】

一个家庭要有规章，就像一个国家要有法律制度一样；治国不可没有法律制度，治家也不可没有规章。

家 规 心 得

现在一些年轻的家长，受社会各种因素的影响，缺少家规意识，在家庭生活中，明显缺少规矩的约束，这不但对家庭建设不利，对孩子的成长也没有好处。

不管是中国的传统文化还是国外的教育文化，都很值得家长们借鉴学习。最主要的是找到适合自己家庭特点的新家规。好习惯是一生受用的，但这需要从小养成，不管是希望孩子成为成功的人、独立的人、善良的人、快乐的人或者兼而有之，都需要从小对他的方方面面进行长期的培养。父母切莫小看了这种教育而耽误了孩子一生。制定和执行现代家规，重点要征求孩子的意见，最好和孩子一起制定。

（1）制定合理可行的家规

想要把孩子培养成一个自律的人，首先要让孩子明白，怎么做才是对的。所以，制定家规对培养孩子良好的行为习惯是必不可少的。

生活中，孩子看电视、做作业、玩耍的时间总会冲突，结果，电视看得不开心，玩得不高兴，作业完不成。这就是家长缺乏家规意识的表现。如果制定一个科学合理的家规，规定好孩子玩与学的时间，家长轻松了，孩子开心了。所以，家长要善于科学地制定"家规"。

制定"家规"应注意以下几点：首先，重视全面素质的提高，不要只定有关学习的内容。不论是针对全家的，还是针对孩子的，都应全面考虑；其次，对学龄期的孩子，要突出品德教育和良好习惯的培养。品德和习惯是孩子全面发展的导向和动力，是成才的基础和保证；最后，家规要合乎情理，既不能高不可攀，也不能松得没有奔头，要在经过努力可以达到的"度"上。

定家规没有什么固定的模式，主要原则是从实际出发，简明扼要，持之以恒。针对孩子的家规，不能多少年一贯制，要随孩子的成长增减内容。一旦有了家规，家长要带头遵守。共同遵守家规会形成好的家风，持久不衰，对全家人的发展都有利。

家规不是父母制定、孩子遵守的规则，而是要全家人共同制定并予以实践的。各项家规要在孩子能够理解、实践的范围内合理制定。父母可以提出意见，但是不能强求。对于认为无理的条目可以随时提出异议，也可以通过家庭会议对于需要强化和完善的条目进行定期的检验和更新。

另外，最好制定适当的赏罚条目，这将有助于引导家庭成员之间的善意竞争。通过制定家规，可以简单、有趣地教育孩子，让他知晓共同生活所必要的基本规则。

家规制定出来，每一条都让孩子明确意思，要让孩子懂得，家规是约束家里每个人行为的准则，有了这个准则，孩子遇到事情的时候，有一把参考的尺子，可以正确地做出判断。

既然是家规，除了约束孩子，家长也应该遵守，只有全家人都做到了，家规才能产生真正的意义。

家规的制定，一定要合理化，兼顾到家长与孩子。就像合同一样，家规是用来约束全家人的规定，并不是压制、针对某个人的，所以，一定要禁止"霸王条款"的出现。不要出现"孩子不准讲脏话""孩子不可以碰电脑"之类的语句。禁止孩子讲脏话就写成"不准讲脏话"，孩子不可以讲，大人也不讲，这样才是真正的、合理的家规。

家规的制定必须合理，孩子能明白，也有能力做到。根据年龄选择最重要的几条，不要长篇大论惹人烦。家规不应该高不可攀，古时某些家规过于严厉不值得提倡，例如每天背诵 10 个单词、背诵 3 首唐诗这样的家规不但难而且无趣，孩子难以接受。但像奥巴马家的家规注重独立、注重修养、注重作息，都属于容易接受的范畴，有的孩子能够做到，有的需孩子努力一下就能做到，孩子容易获得成就感。家规主要致力于帮助孩子养成各种良好的习惯，提高他们各方面的修养。

合理地制定家规，并让孩子能够良好地执行，对于培养孩子的自律意识有很大的帮助。孩子小的时候就养成了遵守纪律、自我约束的习惯，长大后也一定会时刻记得约束自己，不管是人前还是人后，都懂得遵守相关的公共秩序，形成自律意识。

（2）和孩子一起制定家规

和孩子一起制定家规，不仅表示了家长对孩子的赏识和尊重，而且有效地鼓励和培养了孩子的自律能力和责任感，可谓一举两得。

蔡氏家规：立身处世最重要

蔡元培出身于一个小户之家，他的父亲蔡宝煜曾担任过当地一家钱庄的经理，为人正直，宽于处友。可惜在蔡元培只有 10 岁的时候，蔡宝煜就因病去世了。

蔡元培的母亲周氏"贤而能"，丈夫蔡宝煜去世后，家境贫落，为此，蔡家的亲戚朋友打算募集一笔钱让这一家孤寡维持生计。但周氏坚决地谢绝了，她不想给别人增添负担，也不想过依赖他人的生活。于是，她勤俭持家，带着 3 个儿子过着节衣缩食的生活。她常常教育孩子们"要自立""不依赖"，为此，她以身作则，为孩子做了一个很好的榜样。同时，她还制定家规："每与人谈话，预先要设想一下别人会说什么、我用什么样的话去回答。事后还要想一想，别人为什么说那样的话、自己说的话有没有不妥之处，这样就会减少差误了。"

虽然生活困难，但蔡元培的母亲周氏并没有因此而放弃对孩子的教育。由于没有钱聘请老师到家中教 3 个孩子读书，她只好让蔡元培附学于别人家。蔡元培知道拥有这个学习机会的不易，所以读书也很刻苦。

都说穷人的孩子早当家，蔡元培亦是如此。由于家中困难，没有钱买灯油，于是，蔡元培就常常在炉灶旁，借着炉灶里微弱的火光读书温书。上天总是厚待肯付出的人，经过一番苦读，蔡元培在 16 岁那年考中秀才。

为了补贴家里，蔡元培萌生出一个想法，那就是设馆教书。他将自己的想法告诉了母亲，母亲非常赞同，她对蔡元培说："你现在所学的知识虽然并不是太广阔和高深，但是利用你所学的知识来教育年龄比你小的人还是可以的。现在你长大了，也应该学会自立，为家庭分担忧愁，也算是学以致用吧。"

虽然家里境况并不是很好，但是母亲教导蔡元培不可将学费收得过高，教书是为了育人而不是纯粹为了赚钱。蔡元培谨遵母亲的教导，对于有些穷人家的孩子，蔡元培都会给予免费入学的特殊照顾。尽管蔡元培年龄不算太大，但是他所学的知识却非常多，而且他教书育人特别有耐心，能根据不同人的性格与特长因材施教，所以深受学生的喜爱和家长的尊敬。

就在蔡元培以为可以侍奉母亲颐养天年的时候，他的母亲却因为经年的操劳病倒了。为了能治好母亲的病，蔡元培和弟弟效仿古人割肉疗伤，但割肉治病毕竟只是古人的美好愿望，并不能真正地治人病痛，后来，他的母亲还是被病魔夺去了生命。关于母亲，蔡元培后来回忆说："故孑民之宽厚，为其父之遗传性。其不苟取，不妄言，则得诸母教焉。"

后来，蔡元培也把母亲教育自己的处世之道推行到教育中，成为了"学界泰斗，人世楷模"。

第二章

恪守祖训：家传祖制记心间

　　修身的本质是一个长期与自己的恶习和薄弱意志做斗争的过程，时时检束自己的身心言行，用高尚的情操去除思想中的杂质。对于个人来说，最大的恶习莫过于不能改错。不能改错，修身也就无从谈起，个人的素养也就无法提高。

己所不欲，勿施于人

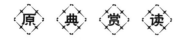

【原文】

忠恕违道不远，施诸己而不愿，亦勿施于人。

——《中庸》

【译文】

一个人做到忠恕，离道也就差不远了。什么叫忠恕呢？自己不愿意的事，也不要施加给别人。

家规心得

做人需要谨遵"己所不欲，勿施于人"这个行为准则。真正的强者无论是在生活中还是工作、学习中，都是懂得顺应人情世故的人。他们善于调整和运用自己的感受去观察、体贴别人，从而掌握生活节奏的控制权，享有良好人缘。

在日常生活中，很多人都会觉得心直口快是一种诚实和直爽的表现，这种想法未必好，心直口快的人如果被人当头一顿数落，会脸红心跳，若是数落错了，更会气愤难平，那么他就不该以自己的性格或者脾气为借口，让尴尬的情况频繁地落到他周围的人头上。当谈自己的建议时，完全可以采取不同的方式，并不是不要、不准你谈，喜欢做一个透明度高的人固然是好，不过，要是能够做到让别人欣赏你，岂不是两全其美？

成熟的人就像河流里的一块鹅卵石，经由生活的潮水长年累月地冲刷，把棱角磨得光滑。这样的石头，总是容易找到一个比较稳妥的位置。不过，若把雨花石干放在那里，那它们就会暗淡无光，甚至只是麻麻点点的一堆普通石子。只有把它们浸在装有清水的白瓷盘里，才会陡然晶莹，漾出奇妙的图案、斑斓的色彩、精美的花纹。那么清水和白瓷盘，就是一种人生修养，是人生不可缺少的做人之本。

宋就种瓜

在战国时期，梁国与楚国交界，两国在边境上各设界亭，亭卒们在各自的地界里种了瓜。梁亭的亭卒勤劳，瓜秧长势极好；而楚卒则懒惰，楚亭瓜田与对面瓜田的长势简直天壤之别。楚亭的人为此觉得脸上过意不去，于是有一天乘夜无月色，偷偷跑过去把梁亭的瓜秧全给扯断了。

梁亭的人第二天发现后，异常气愤，心里咽不下这口气，于是报告给边县的县令宋就，说我们也要过去把他们的瓜秧给扭了。宋就说："我们不愿他们扯断我们的瓜秧，那为什么再反过去扯断人家的瓜秧？别人不对，我们再跟着学，那就太狭隘了。你们听我的话，从今天起，每天晚上去给他们的瓜秧浇水，让他们的瓜秧长得好，而且，你们这样做，一定不可以让他们知道。"梁亭的人听了宋就的话后觉得言之有理，于是不少兵卒就按照指示，每天过去浇水。

很快，楚亭的人发现自己的瓜秧长势一天好似一天，经过仔细观察，发现每天早上地都被人浇过，而且是梁亭的人在黑夜里悄悄为他们浇的。楚国边县的县令听到亭卒们的报告后，感到既惭愧又敬佩，于是就把这件事上报给了楚王。楚王听说之后，有感于梁国人修睦边邻的诚心，备下厚礼送给梁王，以示自责和酬谢之意，结果这一对曾经的敌国因为"瓜事件"而一笑泯恩仇。

以德报怨是君子

【原文】

无言不仇，无德不报。投我以桃，报之以李。

——《墨子》

【译文】

没有什么言语我会不答应，没有什么恩德我会不回报，你投给我桃子，我回报给你李子。

家规心得

墨子引用《诗经·大雅》中的诗句，他是想借用这句话来强调指出，人与人之间的交往关系，不是互爱互利的，就是互恨互害的，所以，如果考量利弊得失的话，显然，前一种关系要胜于后一种关系。所谓的"投我以桃，报之以李"，这主要是讲人与人之间良性互动的关系，那么，谁又愿意算计、嫉恨、伤害他人，反被他人的算计、嫉恨和伤害所毁灭呢？这样的人，如果不是利令智昏，那也肯定是心智出了毛病，正所谓"聪明反被聪明误"，狡诈之人也终会因自己的脸厚心黑而自误而悔恨。

中国古代哲人倡导"以德报怨"这种做人规范，对于这一点我们当然不可能要求每一个人都做到，在当今这样一个物欲横流的时代，这种处世方式对年轻人来说是一种苛求了。但是，我们的老祖宗毕竟是高瞻远瞩的。做人也一样，如果凡事都像对待自己一样去对待别人，把敌人当成朋友，那么还有什么不可以平心静气地解决呢！

你为别人着想，别人也为你着想，这是一项简单而快乐的"回报效应"——凡真心助人者，最后没有不帮到自己的。

人都是感情动物，是将心比心的。其实每个人来到世上都像是一个农夫，所做的一切事情，好比撒播种子，不管收获如何，只要我们依然保持一颗善心，相信都会有好的收获。

郗超不落井下石

郗超是东晋孝武帝时人，年轻时喜欢交游，大度过人，被掌握军政大权的桓温召为征西大将军府幕僚。当时，有个年轻人叫谢玄，也在桓温那里做幕僚。他做事谨慎，富有才华。

两个年轻人各有所长，都很有才能，大将军府议事的时候，郗超和谢玄两人的见解常常不合，各自坚持自己的看法，又都年轻气盛，谁也不服谁，有时争论得脸红脖子粗，不欢而散。天长日久，隔膜渐增，芥蒂越来越深，两人见面，绕道而行。

后来，郗超被桓温提拔为中书侍郎，谢玄被朝廷任命为广陵相，两人虽然不再碰面了，但心中的隔阂并没有消除。

这个时期，北方的前秦逐渐强盛起来，统一了黄河流域后，又不断派兵进攻东晋。在几次小规模的战斗中，前秦军队屡屡获胜。秦王苻坚决定灭亡东晋，统一天下。于是亲率步兵 60 万，骑兵 27 万，号称百万大军，水陆并进，气势汹汹地向东晋杀来。

强敌压境，形势十分紧张。东晋朝廷决定抵抗前秦的进攻，任命文武全才的宰相谢安为征讨大都督。谢安让声望很高的谢石负责指挥全军。但是还缺少一个既有智谋又懂军事的前敌先锋。

东晋朝廷下诏全国，让朝野选贤荐能，推举人才，解除国家的危难。

谢安经过反复考虑，又和推荐上来的各种人才加以认真比较，觉得还是自己的侄儿谢玄最适于做先锋，打头阵，于是向朝廷推荐了谢玄。

消息传出，满朝哗然。文武大臣纷纷攻击谢安。

有的说："宰相推举自己侄儿，这是任人唯亲。"

有的还补充说："举亲，是本朝的忌讳，谢安竟敢触犯，以后朝中就都是谢安的人了。

有的说得更尖锐："这会贻误军机，有损国家。我们应该联名弹劾。"

还有的鼓动郗超领衔出面。因为他们知道郗超在朝中有举足轻重之势，过去又同谢安、谢玄叔侄有过嫌隙，现在正是他宣泄私愤、进行报复的好机会。朝中的许多人也认为郗超不会放过这个千载难逢的好机会，都在等着他借机泄恨，来附和众人的意见。

可是，郗超却静静地坐在一旁，闭目养神，一言不发。其实，他正在考虑抗秦先锋的人选问题。他觉得谢玄确实有经国治世之才，大敌当前，不应计较个人的恩怨。从前与谢安叔侄有些隔膜，一是门第之见作怪，二是年少意气用事，现在为击退强敌，一切私怨都应该消除。他也想起自己的父母从小就教育他做人还是宽容些好。

想到这里，郗超猛地站起身，对大家说："诸公的议论，本人不敢苟同。谢宰相为打退强秦，保卫国家，举荐了亲侄，正是摆脱了世俗的偏见，可谓明智之举。古人就有举贤不避亲的美谈，各位不应在这上面纠缠不清。"

有人不客气地问道："你怎么知道他是贤才？"

郗超说："我曾同谢玄在桓将军府里共过事，对他的才能了解很深。我相信谢玄不会辜负他叔父的推荐，他会在这次战争中显示他的军事才能。"接着，郗超又举出许多事例，证明谢玄稳健干练，善于用兵。最后说："如果让我推荐的话，我也会推举他的。"

大小官员见郗超如此胸怀大度，又说得有理有据，也就不再说什么。晋武帝随即封谢玄为建武将军，监领江北诸路军马。

谢玄带领八万将士阻击秦军。他要求秦军腾出一块空地作为战场，在秦军撤过淝水之时，出兵追击，大败秦军，留下了"草木皆兵""风声鹤唳"的成语。

在可以落井下石的时候，郗超不仅不计私怨，反而极力支持与自己不合的人，唯有以国家为重，以恕道为本，才能做到这一点。

居安之时要思危

【原文】

库无备兵，虽有义不能征无义；城郭不备全，不可以自守；心无备虑，不可以应卒。

——《墨子·七患》

【译文】

仓库里没有储备兵器，即使自己有理也不能征伐不义之兵；内城外城不修防完备，不可能防守自己的国土；心中没有考虑周到，不可能应付突发事件。

家规心得

"凡事预则立，不预则废"，无论是国家还是个人都要事事早做打算、未雨绸缪，才能防患于未然，才能在天灾人祸突然出现的时候沉着冷静、从容应对。当今我们针对各种突发事件加大力度着力完善各种预警机制和制定各种应急处理方案，可以说正是对墨子的这一政治智慧的具体运用。

忧患意识在传统文化中积淀久远而深沉。《孝经》从居高位而常守富贵的角度告诫道："高而不危，所以长守贵也；满而不溢，所以长守富也。"荀子的"满则虑溢，平则虑险，安则虑危，曲重其豫"所表达的忧患意识，既是就"持宠处位、终身不厌之术"而论的，也是就普遍意义上的"智者举事"而言的，他认为这是"百举而不陷"、无注而不胜的法宝。

忧患意识在传统文化中源远而流长，成为一笔宝贵的思想财富。汉唐盛世无不是在心怀忧患、总结前朝灭亡教训的基础上励精图治的结果。欧阳修在其所著的《新五代史·伶官传序》中说："忧劳可以兴国，逸豫可以亡身……夫祸患常积于忽微，而智勇多困于所溺。"这里所表达的忧患意识，是从五代时唐庄宗在完成父志、剿灭雠仇之后沉湎于安逸而丧失忧患之心，最终身死国灭的惨痛教训中得出的，具有深刻而普遍的警世意义。因而，于成功之时，居福安之境，也不能得意忘形，必须保持"如履薄冰、如临深渊"的危机意识、忧患意识，唯其如此，才能够有备无患，"百举而不陷"。

忧患意识强调的是预防、防备的重要性。兵法讲究出奇制胜，对"不预"的人来说，灾患就是一支可怕的奇兵，它的突然降临往往能导致一个国家的灭亡，导致一个人的猝然失败。

在不利环境下，预防、准备是理所当然，在有利环境下，预防、防备更是不可或缺。《墨子·七患》中所讲的"备"，主要指储备、准备。

墨子认为，充分的储备和准备是保证社会稳定和长治久安的前提，也是防止外来侵略、成功实施"防御军事"的基本条件，尤应引起重视，故称"备"为"国之重也"。

生于忧患，死于安乐。忧患意识是未雨绸缪、防患于未然，可以避免危险。人无远虑，必有近忧。人生道路不可能总是一帆风顺的，人们在做事为人时只有精心规划，预于先，备于前，而后才能披荆斩棘，顺利前进。我们想问题，办事情，应该立足于可能性的复杂，从最坏处着眼向最好处努力，千万不可掉以轻心、麻痹大意。因此说，要居安思危，不预则废。这一点，在我们对自己"小家"的家规构建中，也具有一定的指导意义。

家风故事

孙策粗心丧命

孙策是东汉末年的风云人物，占有江东全部领土。曹操和袁绍在官渡交战的时候，他与人谋划，欲袭击许昌。许昌是曹操的老巢，曹操部下听到这事，都很恐慌。有一位郭嘉却说："孙策新近并吞了江东的土地，诛杀了当地的英雄豪杰，这是他能得到部下拼死效力的结果。可是，孙策遇事粗心大意，不善防备，虽有百万之众，和孤身一人没有什么两样，若有一个埋伏的刺客杀出来，他就对付不了。据我看来，他必定死在刺客手里。"

孙策的谋士虞翻也因为孙策好骑马游猎而劝谏道："您指挥零散归附的将士，就能得到他们拼死效力，这是汉高祖的雄才大略呀！但您轻易暗地里出行，将士们都很忧虑。那白龙化作大鱼在海里游玩，就会被渔夫捉住；白蛇爬出山中，被刘邦斩杀了，都是教训，希望您能谨慎些。"

孙策说："先生的话很有道理。"然而，孙策始终改不了老毛病。他出兵袭击许昌时，到了长江口，还没过江，就像郭嘉预料的那样，被许贡的门客所杀。

郭嘉、虞翻的远见卓识和孙策的粗心大意，在此得到集中体现。孙策诛杀了那么多的英雄豪杰，有多少人对他不切齿痛恨，有多少人不想寻找机会报仇雪恨？可他却全然不放在眼里，单枪匹马，独自外出，其英雄胆气可嘉，而处事之能却甚为可怜。

所以，一定要牢记"防患于未然"之古训，不要步亡羊补牢之后尘。这是成大事的基本。有些人等到出现漏洞以后，才知道自己做错了，这是愚人所为，也会受到严重影响，甚至直接影响人的一生。

错而能改谓之善

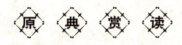

【原文】

人谁无过？过而能改，善莫大焉。

——《左传·宣公二年》

【译文】

谁能没有过错呢？犯了错误能够改正，就是了不起的好事。

家规心得

古人云，人非圣贤，孰能无过？犯错是再正常不过的事了。

第二章 恪守祖训：家传祖制记心间

一般情况下，人犯了错有三种反应，一种是为了保全所谓的面子，明知道是错也死不承认，而且还极力辩白；另一种就是迫于外界压力，口头上说错了，可是内心很不服气；最后一种是，坦白认错，内省自诉。

这三种做法中，很显然，第一种做法是最不可取的，死不认错是最让人鄙视的。如果你犯的是大错，那么此错肯定是众人皆知，你的狡辩只能是"此地无银三百两"，让人心生厌恶罢了。如果你犯的是小错，你用狡辩去换取别人的厌恶，那就更划不来了。

所以，人还是诚实认错为好。因为诚实认错，可以化被动为主动。姑且不论犯错所需承担的责任，不认错和狡辩对自己的形象有强大的破坏性，不管你口才多么好，多么精明狡猾，逃避错误换得的只是"敢做不敢当"之类的评语；更重要的是，你会失去身边人对你应有的尊重。

人之所以去掩饰自己的错误，完全是虚荣心在作怪。当你正确的时候，就能得到别人的认可和赞赏，自己会感到特别的高兴；相反，则会受到惩罚和责备，觉得很没面子。正因为如此，很多人从小就学会掩饰、逃避自己的错误。殊不知，明知是错还不承认是错，是错上加错，是最令人所不齿的。

所以，犯错不可怕，只要你能勇敢地承认自己的错误，相信大家都会抱有一种宽容的态度来对待你的；相反，如果你知错还死扛那就是自己跟自己过不去，是最让人鄙视的。

家风故事

知错即改

东汉光武帝刘秀喜欢打猎，经常带领侍卫和随从离开皇宫，去野外游猎。这天，夜已静悄悄，一支人马前呼后拥，直朝京都洛阳东门奔来。这队人马的头领，就是刘秀。早上，他带着随从到京都洛阳东郊去打猎，待到尽兴而归时，天已漆黑，当他们回到洛阳上东门时，见两扇城门早已关闭，不通行人。

随从中有一人，打马至城门口，高声喊道："喂，快打开城门，皇上驾到。"当时朝廷"夜禁令"规定，入夜关闭城门，没有紧急情况，一律不准通行。上东门的守门官叫郅恽，做事一向严肃认真，从不马虎，他听到城外喊声，看看时辰，已是接近三更，早已进入"夜禁令"时间，他想：如果开门，岂不触犯了"夜禁令"？于是他向城外喊道："现在早已过了关门时间，根据'夜禁令'，没有紧急情况，一律不准通行，这是皇帝立下的规矩，请遵照执行，谁也不能例外。"

侍卫在城外听了，怒不可遏，不由大骂郅恽。可是，郅恽只当没有听见，还是不开城门。

光武帝见了这情景，心想："可能这个守门官不知道我在这里。"于是，他叫了几个随从走到城门处，对郅恽说："我是皇上，请放行吧。"

郅恽并没有因为刘秀亮出皇帝身份而去开门迎接，而是斩钉截铁地说："夜色朦胧，我看不清城外到底是谁。"随后，任凭城外如何喊叫，他就是不去开城门。没办法，刘秀及其随行人员，只得离开上东门，改道从东中门进城。

第二天，郅恽拒皇上于城外的消息不胫而走，传遍了街头巷尾。上朝的时候，有的官员奏请皇上严惩郅恽，光武帝神情严肃。正在这时，刘秀接到郅恽的奏书，官员们猜想，那一定是郅恽写的请罪书吧！

光武帝展开奏书一看，原来是郅恽给光武帝的进谏书，他指责皇上带头违反"夜禁令"的错误，只见上面写道："陛下，上古贤君周文王一心处理政事，想的做的只是为全国百姓，从不打猎游玩。而陛下却把政事丢在一边，远出游猎，夜以继日，还要犯夜禁，我做臣下的真为国家前途担忧。"光武帝看完奏书，沉思片刻，赞叹道："批评得对，真是个忠于职守，忠于国家的好郅恽。"

光武帝是当朝"天子"，郅恽只不过是门卫小卒，刘秀不仅承认了自己的过失，而且还奖励郅恽一百匹布，并将那个管东中门的官员降了职。可见，刘秀真是个知错即改的好皇帝。

早在刘秀称帝前，在昆阳打败王寻、王邑以后，路过颍川（今河南宝丰以东）。颍川有个名叫祭遵的人，家里虽很富有，但他不像一般富家子弟沉迷于玩乐，而是自幼喜读书，生活作风十分严谨，在当地一带颇有名望。刘秀看中他的才华，就把他收为部下，让他做了管理军营的官员。他上任以后，办事公正，执法严明。

第二章 恪守祖训：家传祖制记心间

有一次，一个在刘秀身边伺候刘秀的小官犯了法，祭遵查明后，毫无顾虑地把他杀了。按说，这个小官是刘秀身边的人，他犯了法应先报告刘秀，征得刘秀的同意后，再办罪，而祭遵却没这么做。

这一下可激怒了刘秀，他感到祭遵太不给自己面子，吩咐左右把祭遵拿下问罪，要处以刑罚。一个大臣出面反对，说："你一直告诫我们办事要奉公守法，现在祭遵不顾利害，把你身边的小官杀了，这是他执行你的命令，维护国家的法令，你现在办他的罪，那么以后还有谁能奉公守法呢？"

刘秀冷静一想："是啊，我这样因私而废掉法令，国法就被破坏，国法被破坏，国家就要衰败。既然我告诫大臣要奉公守法，那我就应该带头，只有大家都奉公守法，全国上下才能安定，国家才能富强。现在祭遵依法办事，我却要拿他问罪，以后还怎样治国？"想到这里，刘秀退下左右，亲自向祭遵赔罪，并下诏封祭遵为"刺奸将军"。

事过不久，刘秀视察部队时，对将士们说："你们以后都得遵纪守法，小心'刺奸将军'祭遵，我身边的小官犯了法，都让他杀了，他这么铁面无私，一定不肯袒护谁的，如果你们谁犯了法，那是任何人都保不了你们的。"

将士们听了，心里不禁打了个寒战。平日里一些不太守规矩的人，从此也规规矩矩了。

在处理完国家大事后，刘秀不仅时常打打猎，而且非常喜欢听听音乐。

一天，刘秀对大司空宋弘说："寡人非常喜欢音乐，可是宫内又找不到好的音乐家！"

宋弘说："皇上不要着急，我认识一个琴师，推荐给您试试。"

过了几天，宋弘果然给刘秀推荐琴师桓谭，弹奏一曲后，刘秀非常高兴，便留下桓谭专门为他演奏。一次，宋弘入朝有要事求见刘秀，还未进宫就听见宫中琴声，他侧身一听，原来桓谭正在给刘秀演奏一支低级下流的曲子。刘秀已听得入了迷，以致宋弘到来都未发觉，宋弘十分气愤。等了一会儿，桓谭演奏完毕，走出宫来，宋弘严肃地训斥道："我保举你，让你为皇上演奏，你不演奏好的曲子，为何给皇上演奏这样的曲子？"

桓谭低头不语，默默地走开了。

宋弘越想越觉得推荐这样的琴师，使皇上整天迷恋于靡靡之音中而昏昏然，不理朝政而贻误了国家政事，是一种罪过。他自言自语道："这都是我的过错啊!"

第二天，上朝时，宋弘突然从边上走出来，"扑通"一声跪在刘秀前面，说："皇上，请治我的罪吧!"

"爱卿! 请站起说话，我为什么要治你的罪? 你犯了什么罪?"刘秀吃惊地问宋弘。

宋弘说："我犯了荐人不当之罪，我身为大臣，不但不能给皇上推荐有用的才子，却推荐了桓谭这样的人，请皇上治罪。"

刘秀弄清楚了宋弘请求治罪的缘由后，不由得脸上臊得通红，深深悔恨自己不该迷恋这些低级曲子，以致贻误了政事。他说："这不是你的错，这是我的过错，请你批评我吧。"当日，他就把桓谭赶出宫廷，再也不听靡靡之音了。从此，东汉兴盛发达起来。

人可穷志不可穷

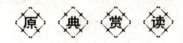

【原文】

人老心不老，人穷志不穷。

——《增广贤文》

【译文】

人的年纪虽然会老去但心却不要变老，人可以很贫穷但不能没有志气。

家规心得

"烈士暮年，壮心不已""老当益壮"，这都是说人在老年的时候同样能够有所作为，当然前提是你必须要有一颗不服老的心。如果因为自己年纪大了就悲叹感伤或是安于现状，就真的危险了。

恭

传承家规成方圆

052

其实，年老是一个人一生中必然的经历。所以，你大可不必羡慕年轻者，也不必为年老而感伤，一切顺其自然。当然，如果你能在年老的时候老有所为，那么你的人生会更完美。

有的人说，老了什么也做不了了，其实不然，有谁规定人年老了就不能干大事了呢？姜子牙不是在自己七八十岁的时候，还照样辅佐周文王吗？东汉名将马援在自己八十四岁高龄的时候，不是还照样率军出征吗？老有所为的例子简直是太多了。

同样的道理，贫穷通常也被人们看作是不好的方面，其实，对待贫穷，关键还是要看个人的态度是怎样的。如果你甘于贫穷，那一辈子就只能是个穷人了；如果你不甘贫穷，愿意改变贫穷的状况，并且拿出实际行动来，那你就可以战胜贫穷。

"苦难是人生最好的老师。"的确，人往往在艰苦的条件下才能爆发出无穷的能量来，而安逸优越的条件都往往容易让人丧失斗志。贫穷而有志向的人最终成就了一番事业，富裕而不求上进的人最终一事无成，这样的例子从来都不缺乏。

所以，无论现在是年老，还是身处贫穷的境地，都不应该成为你无所作为的借口，真正的强者不管在什么样的境况之下，只要他有斗志，任何困难都会被他踩在脚下。现实要求每一个人都要成为一个强者，因为只有强者才能在这个社会上立足，才会为自己的人生画上最美丽的风景！

家 风 故 事

柳璨燃叶照书

柳璨是晚唐时河东人，少年时代家境很苦。

柳璨家住在小沟里，他天天上山砍柴，每逢集市就挑着柴火上市去卖，靠卖柴换来点钱维持生活。就这样，家里还常常揭不开锅。与他家有联系的都是穷亲戚，也帮不上什么忙。只有一个近亲叫壁批的，在京城里当官，可这个亲戚是势利眼，不愿意跟他们家这门穷亲戚来往，信也不通一封。

柳璨是个有志气的孩子，家里穷，别人看不起，他也不在乎。他立志求学，刻苦读书，目标是将来考中进士，干一番事业。然而要考取进士谈何容易，有的读书人家庭环境很好，有足够的经费，有专门聘请的老师辅导，努力了一辈子尚且连个秀才都很难考中；有的须发斑白了，连个举人还不是。一个穷人家的孩子要考中进士，这在当时简直比登天还难。

学习需要书本，虽然当时印刷技术已经有了进步，然而印一本书成本很高，买一本书要价很贵，像柳璨这样的穷人家的孩子怎么能买得起呢？没有书，柳璨就向人家借书看，有的书借来之后就马上抄下来，保存起来供长期使用；买不起纸笔，去山上打柴休息时就用树枝在地上练习写字；晚上没有灯油，就用树叶燃起一堆篝火，然后借着篝火的光看书。深秋时节天凉了，他对着篝火看书，前胸暖后背凉，有时因此而感冒。就是染病在床，他也不忘记读书。经过刻苦努力，在光华年间，他终于考中了进士，而且是进士中的佼佼者。于是，被派往国史馆做了直学士。

在国史馆任职期间，由于他精于五经，涉猎百家，学识渊博而且记忆力强，同僚们遇到疑难问题不去查辞书，都去找他。因此，在同僚中他威信最高，同僚给他起了个绰号叫"柳书箱"，把他看成一本活的百科全书。

唐昭宗爱好文学，尤其喜欢学问渊博、下笔成章的文人学者。原来他身边有个学者李溪因罪而被判处死刑，他想再选一个学者为他起草诏书，朝臣们一致推举柳璨。于是，昭宗在内殿召见了柳璨。昭宗测试柳璨的学问，非常满意，当场晋升他为翰林学士，专事草拟诏书，起草文告。昭宗在学习上有什么疑难问题，也经常向他请教，对他的信任远远超过了李溪。

第二章　恪守祖训：家传祖制记心间

求人不如求己

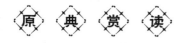

【原文】

不求于人，其尊弗伤。

——《止学》

【译文】

不向他人求助，尊严就不能受到伤害。

家规心得

人的依赖思想和懒惰习性，往往使自己不思进取，把希望寄托在求助他人之上。长此以往，不伤自尊、不遭碰壁是不可能的。俗话说，求人不如求己，一个人的尊严是建立在自食其力的基础上的，如果他凡事不能自立自决，庸庸碌碌，他的亲人也会瞧不上眼，他人更会看不起他了。求人实难，从心里打消求人的念头才能自励自奋，成就大事。

家风故事

区寄机智自救

求别人，不如求自己。区寄的父亲经常这样教育小区寄。只因为他们家所在的郴州这一带有一种很坏的风气，许多人家把孩子养到十来岁，就把他们卖给有钱人去当奴隶。这原本是穷苦人家活不下去时想出的没有办法的办法，可恨的是，有些人看见别人卖儿卖女得到的那点钱，就动了心，千方百计也要弄个孩子来卖。天长日久，这一带就出现了专门拐骗、抢夺儿童的行当，一些丧尽天良的人为了钱不知拐卖甚至杀害了多少天真可爱的孩子。官府也和强盗有勾结，对这些事睁一眼闭一眼的。所以，区寄的父亲一遍又一遍地告诉儿子："如果你不幸碰上这样的坏人，你不要怕，也不能死等爹爹去救你。你要自己动脑筋，想主意，千万不能给人家当奴隶，那不是人过的日子。"

这一年，区寄十一岁了，已经是父亲很得力的帮手。他放牛放羊，打柴割草，干什么都像模像样的。

这天，一高一矮两个强盗在野外发现了区寄。他们像看见兔子的饿狼一样，两眼闪着兴奋的绿光，恶狠狠地扑上去，把小区寄扑倒在地，堵住他的嘴，捆住他的手脚，把他装进一条布口袋里。然后，两个人轮换背着口袋，赶到四十里外的集市上，要把他卖掉。

区寄在被扑倒的那一刻，就明白自己遇到坏人了。他很害怕，尤其是刚被装进口袋时，那种黑暗和憋闷，真让他头皮发麻、浑身发抖。后来，他想起爹爹的话，心里渐渐镇定下来。他恨这些劫夺小孩的坏人，恨得直咬牙，他下决心一定要逃出去，宁死也不让他们如愿。

来到集市上，区寄被坏人提出口袋，就像一件东西一样被扔在地上。他的手脚仍然被捆着，强烈的阳光刺痛了他的眼睛，他灵机一动，立刻装出害怕的样子，像平常小孩受到惊吓时那样呜呜直哭，全身抖做一团。那两个强盗见他吓成这个样子，也就没把他放在心上。

等了好久，也没人来买小孩。两个强盗又累又饿，便买了酒肉，带着区寄来到一个僻静的地方，大吃大喝。吃饱喝足以后，矮个子摇摇晃晃地去找买主，留下高个子看着区寄，防止他逃跑。

这家伙已经喝醉了。区寄看见他的眼皮直打架，便也装出瞌睡的样子，迷迷糊糊地缩成一小团。强盗心想：这孩子手脚都捆得很牢，就是有天大的本事也跑不了，何况他早已吓糊涂了呢，我可以放心地睡一觉了。于是，他把钢刀插在地上，一倒头就呼呼大睡起来。

区寄听到强盗打呼噜的声音，慢慢地睁开眼睛，盯住那熟睡的家伙，悄悄地挪动身体，一寸，又一寸，他终于挪到了钢刀旁边，背过身去，在刀刃上磨断了绑手的绳子，然后拔出钢刀，一刀结果了那强盗的性命。

区寄从没想过自己也会杀人，但这时候没别的选择，他惊出了一身冷

第二章　恪守祖训：家传祖制记心间

汗，手脚都在哆嗦。他正想逃走，没想到矮个子强盗在这节骨眼上突然回来了。那人见小区寄杀死了他的同伴，不由得大吃一惊，立刻拔出身上的钢刀，向区寄砍来。

区寄这时真是怕极了。但他急中生智，躲过强盗砍来的一刀，赶忙说："这个人对我不好，我才杀了他。现在我归你一个人了，这不是更好吗？"

强盗听后，心想：同伴死了，这孩子就归他自己了。与其杀了他，不如卖了他。过去卖的钱要两个人分，这下自己可以独吞了。于是，他放下刀，掩埋了高个子的尸体，把区寄捆得更加结实，然后带他去买主家里。

深夜，区寄被关在一间屋子里。他虽然又饿又困，脑子却一刻不停地转着。"要逃出去，一定要逃出去！"他一遍又一遍对自己说。他注意到屋里有一堆火，便又想出了逃脱的办法……

好一个又机智又勇敢的小区寄！他慢慢地连滚带爬来到火堆旁边，把被捆着的双手放在火上。火苗舔着他的皮肉，疼得钻心，他咬住牙，一声也不吭。终于，绳子烧断了，他的手也烧伤了，但他顾不得疼痛，赶紧从屋里跑出来，找到那矮个子强盗。这家伙得了钱，喝得烂醉如泥，这时睡得正香。区寄抢过贼人的刀，趁他还做着发财的美梦时，结束了他的性命。

小区寄跑到集市上，放声大哭起来。这时的夜市还很热闹，很快围上一大群人，连管市场的官吏也赶过来察看发生了什么事。于是，区寄便对大家说："我是郴州区家的儿子。两个强盗趁我放羊割草时把我捆起来，要把我卖做奴隶。我把这两个坏蛋都杀了！现在，我就去官衙门自首认罪！"说完又哭。

人们听了都非常惊讶，很难相信这么小的孩子竟然能杀死两个强盗。集市上的小官把这事报到州里，州里又报到府里。知府也很吃惊，派人把区寄带来一看，却是个老老实实、普普通通的小娃娃。他不但没有判区寄的罪，还想留他在府里当差。小区寄却不愿意，他一定要回家，要和爹娘在一起。知府只好赏给他衣服，并派人护送他回去。

回家以后，区寄仍像从前一样，每天放羊、割草、拾柴火，可那些专门偷抢小孩去卖钱的强盗们却从此不敢正眼看他，甚至连他家的门口都不敢经过。这些人聚在一起议论说："不得了啊！战国时的秦武扬十三岁杀人，后来跟着荆轲去刺杀秦王，被后人赞叹了一千年。这区寄比秦武扬还小两岁，就杀了两个人，我们还是躲他远点吧！"

慢慢地，强盗们连区寄所在的村子也不敢去了。村里的孩子也像区寄一样能在爹娘身边幸福地长大。

切勿倾于名利

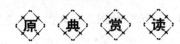

【原文】

宠辱不惊，看庭前花开花落。去留无意，望天空云卷云舒。

——《菜根谭》

【译文】

无论受宠或者受辱，都不为所动，看那庭前的花朵，有开有谢。不管升迁或是归去，都不要太在意，像天上的云朵翻卷舒张。

家规心得

一个人的品格修养，就看他如何对待荣辱，利益关己，本性尽显。一个人首先要有真才实学，不要把个人功名看得太重，什么都靠钻营，还要别人尽顺己意，一切以自己优先，否则什么手段都使出来。结果遇到真君子，自取其辱。

人生过得是否美满幸福，往往在一念之差。越计较，越奢望，越贪图，越自私，就被物欲束缚得越紧，所谓欲壑难填，永远都不会感到满足和幸福；相反，越大度、越实在、越知足，就活得越有意义，越充实幸福。所以，不能看破功名利禄，至少也要看淡它。

家 风 故 事

黄钏抗倭死不屈

一望无际的茫茫海面，阴风骤起，汹涌而起的波涛愤怒地拍打着金色的海岸。

这时，一群披头散发的匪徒们在海岸上狂呼乱喊。他们穿着宽大的衣衫，有的手里拿着大刀，有的拿着长矛。这群被称为"倭寇"的日本人，在明朝时期经常侵犯我国沿海地区。他们到处烧杀抢掠、无恶不作。

在这群强盗的中间，有一个被绑着的人，昂首挺胸，毫无惧色，他就是抗倭名将黄钏。

倭寇们跳完舞，团团围住黄钏。一个强盗头子说："投降吧！不然，我们就在这里将你杀死。"

黄钏大义凛然地回答说："动手吧，无论如何，我也不会投降你们这群强盗的！"

"你难道不怕死吗？"

"大丈夫为国而死，死有何憾，我害怕什么呢？"

"好！我们就成全你。"倭寇首领恶狠狠地说。

倭寇们抬来了一口铜铡，放在黄钏身旁，将黄钏的双脚放在铡上，刽子手抬起了铡刀。首领阴森森地问："再给你一次机会，投降不投降？"

黄钏面不改色，大声骂道："你们这群残害人民的匪徒，我绝不投降。"

首领一挥手，刽子手的铡刀按了下来，黄钏的双脚顿时被铡掉，鲜血四溅。黄钏的脸色立即变得煞白，但仍大骂不止。

黄钏的下身又被铡掉了，他的双手还指点比画着，大声叫骂。

黄钏的头被铡了下来，双眼仍愤怒地圆睁着，似乎还在痛骂倭寇……

倭寇们被黄钏的英雄气概吓破了胆，他们一看到黄钏怒睁的双眼，胆战心惊，仓皇逃跑了。

黄钏是明朝温州地区军事负责人，他为人正直，讲义气，智勇双全，是一员抗倭的名将。

黄钏对倭寇入侵深恶痛绝，他看到倭寇在沿海地区胡作非为，残害百姓，就下定决心要扫除这些倭寇。

他对手下人说："这些倭寇太猖狂了，如果我遇到他们，一定杀他们个片甲不留。"

为防止倭寇入侵，黄钏做了充分的准备。他积极训练军队，他的军队纪律严明，英勇善战，屡次打击倭寇的战斗，都取得重大胜利。倭寇一听到黄钏的军队就胆战心惊，他们私下里说："打仗千万别遇上黄钏，否则就没命了。"

黄钏听了敌人的传言，笑道："好，你们知道我黄钏的厉害，就赶快滚蛋！"

倭寇们对黄钏恨得咬牙切齿，黄钏成为他们的心头之患。他们知道，要想在浙江胡作非为，非得除去黄钏不可，于是，他们调集重兵围攻黄钏。

黄钏指挥他的军队，多次给倭寇以重大打击。但终因寡不敌众，在一次战役中被倭寇抓获。

倭寇们欣喜若狂。他们先是威胁黄钏投降，碰了一鼻子灰。见硬的不行，就来软的，他们答应黄钏，只要黄钏以后不与他们作对，他们就给黄钏一箱子金银珠宝。

"你们难道不知道我黄大人不爱钱吗?!"黄钏笑着说。

倭寇们劝降不成，恼羞成怒，残忍地杀害了黄钏。

黄钏死后，浙江人民奋起反倭，终于将倭寇赶跑了。

黄钏在倭寇面前，保持民族气节，不出卖国家和人民利益，英勇就义，成为流芳千古的义士。

第二章　恪守祖训：家传祖制记心间

少年应有大抱负

【原文】

有志方有智，有智方有志。惰士鲜明体，昏人无出意。

兼兹庶其立，缺之安所诣。珍重少年人，努力天下事。

——汤显祖《智志咏示子》

【译文】

有志向才会有智慧，有知识才能立大志。怠惰的人罕见能识大体，昏庸的人没有创意。兼具志智的人应该能够成就一番事业，缺乏这两者的人前程茫然。珍重啊少年人，努力去做天下事业吧。

家规心得

有志方有智，有智方有志。从小立志，要立大志，不能满足于眼前的小利，更不能斤斤计较于一点点物质需求，诸如找份好工作、多挣点钱等。立志和最终实现人生目标有很大的差距，立下远大的目标，自我激励，结果可能只实现一大半。如果目标定得低了，最终可能什么也做不到，所谓"取乎其上，得乎其中；取乎其中，得乎其下；取乎其下，则无所得矣"，说的就是这个道理。

孔子的学生曾子说："士不可以不弘毅，任重而道远。仁以为己任，不亦重乎？死而后已，不亦远乎？"在儒家看来，以仁义济天下是作为"士"一生奋斗的目标。中国传统文化并不反对谋求钱财，只是强调要"取之有道"，也就是要来路正当。但是，仅仅把谋求钱财作为人生的目标，那未免太低了，因为钱财只是你为社会奉献时获得的报偿。所以，立志应该以事业为目标。哪怕不想做大事的人，也应该激励自己做一个高尚的人、有道德的人、有利于社会的人。

　　没有这样的抱负，难以激励自己为实现目标而发挥聪明才智。汤显祖说：急情的人，罕见能识大体；昏庸的人，没有创意。历史上成就事业的人，无不在年轻时候就胸怀大志，哪怕在困厄艰难的时候，依靠心中不屈的意志克服困难，走向辉煌。

　　人生要昂首挺胸，仰望天空，像大鹏一样展翅高飞，翔游四海，取得真正的自由。

家风故事

心中的诺贝尔

　　1922 年，在我国中部的一个围有古老城墙的城市合肥，诞生了一位著名的物理学家和诺贝尔奖的获得者，他就是杨振宁。

　　在杨振宁刚满 10 个月的时候，他的父亲就起程前往美国芝加哥大学留学，幼年的杨振宁在母亲的抚育和教导下成长。

　　6 岁的时候，杨振宁的父亲从美国回到了家中，开始在国内担任数学教师，从小耳濡目染的杨振宁对数学产生了浓厚的兴趣，而他过人的数学天赋也逐渐显露了出来。

　　有一天，杨振宁郑重地告诉父亲："我长大以后要赢得诺贝尔奖！"这个在科学界被众人趋之若鹜却也高山仰止的最高奖项，对于当时尚在战火中飘摇的国人而言，就如同蒙着面纱的女神般神秘而遥不可及。然而为了鼓励孩子的积极性，杨振宁的父亲还是微笑着鼓励他："那就好好努力吧。"这句在别人看来如同玩笑的话在西南联大中口耳相传，人们戏言："杨武之的儿子数学很好，为什么不子从父业攻读数学而学物理？哦，因为数学没有诺贝尔奖！"

　　在当时，没有人把这句话当真，更没有人相信这句孩子的妄言会成为事实。然而对杨振宁而言，他觉得不被众人认为是"不可完成的梦想"也就不足以称之为梦想。在其后的几十年中，他一直怀揣着这个伟大的梦想，孜孜不倦地学习研究着，无论是在埋头苦读的深夜，还是晓星寥落的清晨，他始

第三章　恪守祖训：家传祖制记心间

终可以清晰地感受到心中梦想的重量。也正是这种重量，鼓励着他走进科学的最高殿堂，走向诺贝尔奖的领奖台，也走上了令世人仰望的高度。

1938 年的夏天，由于战乱流亡到抗战后方的学生过多，当时的教育主管部门宣布了一项重大举措，即所有学生不限文凭学历，皆可报考大学。于是在这一年，年仅 16 岁的杨振宁在高二就参加了全国高考，并以优异的成绩顺利考入了西南联合大学。

杨振宁入学后进入了物理系，在周培源、吴有训等名师的教导下学习。面对山河破碎的离乱之景，西南联大的教授们也深刻地意识到了培养优秀人才以振兴民族的重要性。为培养祖国未来的栋梁之材，教授们将毕生所学倾囊相授，著名物理学家吴大猷先生和王竹溪先生也不遗余力地给予了杨振宁教诲与指点。在他们的引领下，杨振宁进入了全新的物理世界，感受到了真正的科学的奇妙与神秘。在杨振宁《读书教学四十年》的描写中突出体现了他在西南联大所得到的巨大收获：

"我在联大读书的时候，尤其是后来两年念研究院的时候，渐渐地欣赏到了一些物理学家的研究风格。西南联大是中国最好的大学之一，我在那里受到了良好的大学本科教育，也是在那里受到了同样良好的研究生教育。

"我在物理学里的爱憎主要是在该大学度过的六年时间里培养起来的。"

西南联大研究生毕业后，杨振宁在 1945 年又考取了公费留学的资格，于是，他来到了美国芝加哥大学攻读博士学位。1949 年，博士毕业的杨振宁来到了普林斯顿高等研究院继续博士后的学习生活，在这里他遇到了重要的学术伙伴李政道。他们共同探讨学术问题，一起进行命题求证，并共同通过实验解决难题。长期的合作与交流，使他们成为了志同道合的好朋友。1957 年，杨振宁与李政道共同钻研提出的"弱相互作用中宇称不守恒"观点得到了世界的肯定，杨振宁终于实现了儿时的梦想，获得了诺贝尔物理学奖的殊荣。

杨振宁曾说过，他的学术风格是在学生时代就已经形成的。西南联大的学习生涯使他在物理学上打下了扎实的基础，而在美国的留学深造则让他全面接触了世界最前沿的科学成果与研究进程。在著名物理学家费米、狄拉克的影响之下，他秉持着自己的学术理念和风格，走上了属于自己的科学之路。杨振宁也正是这样一位有梦想、有才华、有独一无二的个人风格的科学家，他的成就在物理学的光辉殿堂中永远闪烁着耀眼的光芒。

一知半解不可取

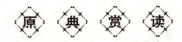

【原文】

博学之，审问之，慎思之，明辨之，笃行之。有弗学，学之弗能，弗措也；有弗问，问之弗知，弗措也；有弗思，思之弗得，弗措也；有弗辨，辨之弗明，弗措也；有弗行，行之弗笃，弗措也。

——《中庸》

【译文】

要广博地学习，详细地求教，慎重地思考，明白地辨别，切实地力行。不学则已，既然要学，就应该学到通达晓畅；不去求教则已，既然求教，就应该彻底弄明白；不去思考则已，既然思考了，就应该想出一番道理；不去辨别则已，既然辨别了，就应该分辨明白；不去做则已，既然做了，就要做到最好。

家规心得

有许多人做事情都满足于一知半解，认为"知道了""明白了""会了"就足够了，在自满面前不再向前进步，不追求更好，更不必说达到精益求精了。这样的人做什么都是浅尝辄止，从事什么行业都难有成就；干任何事情都不会"出彩"。中国有句俗话叫"一瓶子不满，半瓶子晃荡"，就是对这种人最好的描述。许多事实都告诉我们，浅尝辄止，总是难成大器。大到实现梦想，小到读一本书，都需要一个精益求精的过程。孔子学琴的精益求

第二章 恪守祖训：家传祖制记心间

精的态度想必让师襄子大为感动，他不像有些学生那样，学到些皮毛就扬扬得意，刚一知半解就心满意足地学习新内容，而是一直学习一首曲子，用心感悟，精细研究，直到完全体会到其中的精髓！不难想象，孔子此时对这首曲的驾驭能力已是无人能及了。

凡事只求一知半解，必会一无所获；做事精益求精，必会得到应得的回报。可以说，精益求精是一座通往成功之路的桥梁，让我们摒弃一知半解的坏习惯，在生活中处处做到精益求精，一起去创造奇迹吧。

家 风 故 事

孔子拜师学琴

孔子名丘字仲尼，孔丘家中并不富裕，大概在他七岁那年，便单独上山砍柴了。他年龄虽小，做事非常认真，砍起柴来不知道休息，所以每天都要往家送几趟柴，连比他大的孩子也没有他砍的多。

这一天，他照常上山砍柴，由于附近的柴都被砍光了，他就往深山里走去。走着走着，突然听到了一阵悦耳的琴声。在此之前，他过听不少人弹琴，但都不如今天的琴声浑厚有力。浑厚的琴声，使小孔丘忘记了砍柴，身不由己地顺声寻去。他爬过一座山梁又一座山梁，跨过一道溪涧又一道溪涧，最后在一座山梁平坦处的大松树下，发现一位老人正在聚精会神地弹琴。孔丘知道，当一个人集中精力做某件事的时候，最不愿别人去打搅。于是，他蹑手蹑脚地来到老人背后，慢慢地坐在地上，侧耳静听老人弹琴。老人弹完一曲停了下来，孔丘仍然闭着眼睛，似入仙山梦境。其实，这老人早就发现了孔丘，只是没去理睬他。现在回头看见他那种如醉如痴的神态，会心地一笑，然后携琴而去。当孔丘睁开眼时，不见了弹琴老人，他以为老人是被自己打搅了才走的，心中很感内疚。

第二天，孔丘照样上山砍柴，又听到了琴声，他不忍心再去打搅老人，告诫自己不要去。可是过了一会儿，他又鬼使神差地来到老人背后，只不过怕老人发现，坐得远了点而已。当他又进入仙境的时候，琴声没了，睁眼一看，老人又不见了。他更感内疚。

第三天，孔丘又上山砍柴，这次，他下决心再不去打搅老人了。可过了一会儿，他还是被那动听的琴声吸引住了，身不由己地再次向老人弹琴的方向走去。不过，这次他坐的地方离老人更远了，为怕老人发现，还让一棵大树挡住。可是，他刚坐下来，老人便停下弹琴，头也不回地对他说："过来吧，别躲藏了，我早就看到你了。"

　　孔丘胆怯地走到老人身边，对老人道歉说："老人家，对不起，打搅您了，并不是我有意这么做，是您的琴声太好听了，我情不自禁地就来了。您老别生气，我下决心今后不来打搅您。"

　　老人见他那副伤心难过、认真内疚的样子，不由得哈哈大笑起来，然后问孔丘说："孩子，你叫什么名字？上学没有？怎么上这里来了？"

　　孔丘说："我姓孔，名丘，字仲尼，排行第二，今年七岁。我三岁丧父，哥哥腿有残疾，家境贫寒，无力供我上学，我白天上山砍柴，晚上跟着母亲读书写字，所以对史书也略知一二。"

　　老人听了，不禁叹道："好一个聪明的孩子！"

　　随后，老人又问孔丘读了些什么书，并从书的内容中提出了几个问题让孔丘回答，孔丘对答如流。老人见孔丘如此聪慧过人，十分喜欢，又问道："你喜欢学琴吗？"

　　孔丘说："母亲说过，'六艺'是立身之本，琴为乐，是六艺之一。我很想学，但我买不起琴，也请不起老师，只好听，不能弹，不过，因我听得多了，也能知其意境。"

　　老人一听，心有所动，对孔丘说："既如此，我教你弹琴好吗？"

　　孔丘闻言，大喜过望，立即跪地便拜说："承蒙恩师见爱，收我为徒，我一定勤奋刻苦，决不负恩师厚望。"

　　自此，孔丘便一边砍柴，一边跟老人学琴。

　　孔丘学琴也确实刻苦。他每日既不误砍柴，又坚持练琴，无论是烈日炎炎，还是狂风暴雨，不管是三九严寒，还是冰雪盖地，没有一天不按时弹琴。他废寝忘食，精益求精。手指磨破了，用布包一下接着弹，一个音符记不住，就夜以继日地弹，加之他天资过人，一点就会，所以琴艺提高得惊人。转眼两年过去，孔子琴艺谙熟。

第二章　恪守祖训：家传祖制记心间

　　此后，他又不断摸索创新，取人之长，补己之短，琴艺逐渐达到了出神入化的境界。有人在形容他的琴声时说："似行云流水，像百鸟齐鸣，风听了不吹，鸟听了不飞，能绕梁三日而不退。"他终于成为春秋时期一位有名的鼓琴大师。

第三章

居家规范：
生活习性家规约束

　　有人把社会看作一副枷锁，把家看作是自由的地方；而有人则把家庭看作是枷锁，向往家庭之外的自由。我们每个人都不得不面对生活的约束，家庭中也是如此。家庭中的规范并不是阻碍我们自由的约束，因为对于一个肖子而言家规家范都是不存在的，而对于一个不肖子家规家范才真的让他们寸步难行。

知礼有德能服人

【原文】

人无礼则不生，事无礼则不成，国无礼则不宁。

——《荀子·修身》

【译文】

人没有礼貌，缺乏礼节则不会有好的结果。办事情，如果缺少礼节、礼数、礼貌，则办不成。国家如果缺少礼节、礼貌，那将不得安宁。

家规心得

中国自古就是礼仪之邦，古往今来，有关"礼"的记录和要求可谓数不胜数。

众所周知，孔子是中国历史上第一位将"礼"摆在一个极其重要地位的思想家，孔子认为，礼仪是一个人"修身养性，持家治国平天下"的基础。而儒家几乎所有学说的本源也都在这个"礼"上。孔子甚至认为，礼是一个人安身立命的基础。孔子说："不知命，无以为君子也；不知礼，无以立也；不知言，无以知人也。"意思是说，不知道规律和趋势，就不能做君子；不知道社会行为规范，就无法在这个社会立身处世；不知道辨别语言，就无法识别人的善恶。

那么，"礼"真的具有如此重要的作用吗？

在古代社会中，礼可以算作是一种社会规范，违背了礼就会被人认为没有规矩，不够君子，自然就会让个人形象大打折扣。

当年楚汉相争之时，西楚霸王项羽英勇无敌，百战百胜，天下本已有大半，最后却落得"霸王别姬""乌江自刎"的悲惨下场。项羽失败的原因很多，不懂"礼"也是其中最重要的原因之一。江东子弟多才俊，但就因项羽无礼，则民不易使也，众叛亲离。大将韩信、谋士陈平最终都投奔了刘邦，若项羽礼贤上下，则民心归附，君使臣以礼，则臣事君以忠，那么天下亦可得也。

与此相反，刘邦本是一个才能平庸的人，然而他却能将萧何、韩信、张良等能人笼络于自己的手下，一个重要原因就在于他真正做到了礼贤下士，把对萧何、韩信的推崇和尊重发挥到了极致，使他们能效命于自己。就连刘邦自己在总结项羽失败、自己成功的经验时都说："夫运筹策帷帐之中，决胜于千里之外，吾不如子房（即张良）。镇国家，抚百姓，给馈饷，不绝粮道，吾不如萧何。连百万之军，战必胜，攻必取，吾不如韩信。此三者，皆人杰也，吾能用之，此吾所以取天下也。项羽有一范增而不能用，此其所以为我擒也。"

这句话点出了关键所在，一个自大无礼，一个礼贤下士，胜败已成定论。

再看三国时期蜀国的君主刘备，不论治国安邦还是带兵打败，论文论武都算不上是一流人才。然而，众人却愿意推举他为君主，其中最大的原因就是他谙于"礼"道，很得人心。有人说，刘备是一个非常成功的礼仪专家，对待极具个性、性格硬朗的关羽、张飞两位兄弟，他关爱有加；对诸葛亮这样的旷世英才，他能放下身段，三顾茅庐。孔明因此认定此人必是一位仁德的名主，由此出山，"受任于败军之际，奉命于危难之间"，最终帮助刘备创下了三足鼎立的伟业。

可见，君臣之道中，"礼"的重要性。同样，在现代社会，人与人的交注中，礼也是不可忽视的。

第三章 居家规范：生活习性家规约束

僖负羁礼遇重耳

春秋时代，晋国有一个公子，名叫重耳。他父亲晋献公想立宠妃骊姬的儿子奚齐为太子，派寺人披去杀他。重耳翻墙逃出，寺人披追上来一剑砍下了重耳的衣袖，回去交差。

重耳带领五位德高望重的大臣和几十名武士开始了长达19年的流亡生活。

在狄国、卫国、齐国逗留了十几年后，重耳来到曹国(今山东省曹县)。曹共公听说重耳生有异相：肋骨不分条，是一块平板，亦称"骈胁"，颇为好奇，想看看到底是什么样子，就留下重耳住在曹国。晚上，重耳洗澡的时候，脱下衣服，在浴盆里泡着。曹共公让人在浴室门上挂了一层薄薄的门帘，自己站在帘子后边观看重耳洗澡，以便证实一下是不是"骈胁"。他看得很仔细，不小心发出了一点声音，重耳发现有人偷看，大叫一声："有人!"随从赶到现场，曹共公才匆匆离去。重耳对曹共公的非礼行为十分生气，但在当时也不好发作，只好忍下这口气，留待将来算账。

曹国有一个大夫，名叫僖负羁。僖负羁的妻子是个贤惠的女人，她对丈夫说："我看晋公子重耳是个人才，他的随从都是栋梁之材，将来一定会在晋国当政。他当政必将讨伐那些无礼的诸侯，曹国首当其冲，你可要及早给自己留条后路。"于是，僖负羁亲自到重耳的住处，送去热腾腾的饭菜，在饭筐底下还放上一块璧玉，以表敬意。重耳收下了饭，把璧还给了僖负羁。

僖负羁又去向曹共公建议："重耳是晋国公子，将来即位后就是跟您平起平坐的诸侯，现在应当以礼相待。"曹共公说："流落在外的公子一律不能以礼相待。"僖负羁说："礼遇宾客，是礼的基本要求。以礼治国，是国家的正常秩序。曹国的祖先是周文王，晋国的祖先是周武王，应当亲密相处。再说重耳是贤公子，您蔑视他，是不尊重贤才的表现。"曹共公只当耳旁风。

重耳结束了 19 年流亡生活后,由秦国派兵护送回到晋国,就是春秋五霸之一的晋文公。

公元前 632 年,晋文公派兵包围了曹国都城,命令士卒向城门发起攻击。曹军拼死抵抗,杀伤大量晋军,并把晋军尸体摆在城墙上展览。晋文公担心会影响士气,下令停止攻城。这时有一个赶车的唱唱咧咧地走过来,歌词里有"舍于墓"几个字。晋文公一下子有了办法,命令军队转移到曹国人的墓地去扎营,挖开曹人的坟墓,把一些尸体装在棺材里,用车拉着打头阵,向曹国城门再次发起攻击。曹人惊恐万状,丧失斗志,城门很快就攻破了。

晋文公号令全军:不许进僖负羁大夫的家。但攻城部队指挥官魏犨、颠颉不听号令,说:"我们在战场上卖命,还没有得到犒劳;他僖负羁送一碗饭却得到了报答。"让人放火烧了僖负羁的房子。晋文公闻讯大怒,要军法从事,派人去看这两个爱将。魏犨胸部受了伤,见晋文公派人来了解情况,知道晋文公的意图:如果伤重,就杀掉他。于是魏犨强忍胸部剧痛,接过晋文公送来的慰问品,向上跳起三次,又向前跳了三次,以显示还能打仗。晋文公只好赦免了他。颠颉终于被斩首示众,以严肃军纪。

晋文公抓住了曹共公,数落了他的罪过:当年不用僖负羁的建议,非礼偷看别人的肋骨形状;而对以礼待客的僖负羁大加赞赏。

也许重耳对曹共公的惩罚太重了,霸主似乎仁慈一点为好。但僖负羁礼遇重耳,不因他一时流落无依而轻视,却一直传为佳话。

第三章 居家规范:生活习性家规约束

读书应做到三到

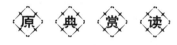

【原文】

读书要目到、口到、心到。

——《左宗棠全集》

【译文】

读书要做到眼到、口到、心到。

家 规 心 得

同样一本书，会不会读，效果完全不同。要如何读书呢?晚清名将左宗棠在家规祖训中提出要做到三到。

一是眼到。读书当然要用眼睛看，这是不言而喻的。然而，真正做到眼到并不是都那么容易的。有许多艺术类的作品，或者物质文化遗产，很多人只是通过文字介绍得知的，或者停留于看看图录，并没有真正见过实物。而且，关于地理山川形胜，也仅限于书面了解，没有实地考察过。见与不见，大不相同。如研究日本文学的学者，到日本留学后，按照老师的要求，对于一个作家的作品，要拿到他创作的地方去读，要重蹈他的行述研究其生平，在这个基础上，才能领会作品的含义。这种研究方法给人很大的启发，例如研究历史的人，每年抽出时间到各地考察，这才越来越明白古人为什么说"读万卷书，行万里路"的道理。

二是口到。许多作品是要大声朗读吟诵，才能感受到其精妙之处，尤其像诗歌、辞赋、韵文等，只有读出声来，才有味道。像姜白石、柳永等人的作品，非常讲究声律音韵，非诵读不可。自己写的东西，也要边写边读，才能把文章写得流畅。而且，诵读还能帮助记忆，背诵过的东西容易记住。

三是心到。也就是要用心去体会和领悟，这一条是最重要的。读书一定要用自己全部的心智、经历和经验去慢慢咀嚼体悟。孔子说："学而不思则罔，思而不学则殆。"如果我们不用心去辨析感悟，而只是埋头读书，毫无批判地全盘接受，那么，书读得越多就越迷茫。停留于对事物表象的认识，失去对事物本质的感悟，充其量只能读成书橱，说起话来引经据典，仿佛十分渊博，其实只是鹦鹉学舌。相反，如果不读书而只是一味空想，不断有思想火花闪现，显得深沉而锐利，其实言之无物，空空洞洞。所以，学和思是读书的两个方面，缺一不可。

家风故事

范仲淹苦读的故事

宋朝宰相范仲淹，字希文，苏州吴县人，著名的政治家、军事家。范仲淹自幼孤贫，勤学苦读，从青年时代开始就立志做一个有益于天下的人。

范仲淹生于宋太宗端拱二年（989年）。次年父亲不幸逝世，范家失去了生活来源，范仲淹之母谢氏贫而无依，只好带着尚在襁褓中的仲淹改嫁山东淄州长山县一户姓朱的人家。从此，范仲淹改姓名叫朱说，在朱家长大成人。

范仲淹从小读书就十分刻苦，一心想要济世救人。有一次，他遇到一个算命先生，问道："我以后能不能当宰相?"算命先生说："小小年纪，口气是不是有点太大了?"范仲淹有点不好意思地说："那你看我可不可以当医生?"算命先生很好奇，怎么两个志愿差这么大?他就问范仲淹为什么?范仲淹回答："唯有良医和良相可以救人。"算命先生说："你有这颗善心，真良相也。"

朱家是长山的富户，但范仲淹为了励志，二十一岁去附近长白山上的醴泉寺读书。经常一个人伴灯苦读，每到东方欲晓，僧人们都起床了，他才和衣而卧。那时，他的生活极其艰苦，每天只煮一锅稠粥，凉了以后划成四块，早晚各取两块，拌上一点儿韭菜末，再加点盐，就算是一顿饭。但他对这种清苦生活却毫不介意，而用全部精力在书中寻找着自己的乐趣。

范仲淹看不惯朱家兄弟奢侈浪费，无所事事，便多次规劝。不料，朱家兄弟听得不耐烦，有次便脱口说出："我们花的是朱家的钱，关你什么事？"范仲淹听了一怔，觉得话中有话，便追问为什么。有人告诉他："你乃姑苏范氏之子，是你母亲带你嫁到朱家。"这件事使范仲淹深受刺激和震动，他下决心脱离朱家独立生活。于是他匆匆收拾了几样简单的衣物，佩上琴剑，不顾朱家和母亲的阻拦，流着眼泪，毅然辞别母亲，离开长白山，独自前往南京求学去了。

范仲淹入学后，皇帝来了也不出去观看，昼夜不停地苦读。五年未解衣就枕，疲乏到了极点，就用凉水浇脸，来驱除倦意。他的食物很不充裕，不得不靠喝粥度日，甚至粥不够，一天只能喝上一顿。对于一般人来说，是难以忍受的生活，范仲淹却从不叫苦。这种情况被他的一个同学，南京留守的儿子看到了，回家告诉了父亲，于是留守就叫人给范仲淹送来许多饭菜。可是，几天过去了，食物都放坏了，仍不见范仲淹尝一口。那同学问他为什么不吃？范仲淹说："我不是不感激你的厚意，只是我已习惯于粗茶淡饭了。如果现在就享受这种丰盛的饭菜，以后还能吃得下粥吗？"功夫不负有心人，五年寒窗苦读，范仲淹终于成为一个精通儒家经典，博学多才，又擅长诗文的人。

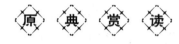

原 典 赏 读

【原文】

子曰：奢则不孙，俭则固。与其不孙也，宁固。

——《论语·述而》

孔子说：奢侈了就会越礼，俭朴了就显得寒酸。与其越礼，宁可寒酸。

家 规 心 得

古人以节俭为美，而今人却在讥笑、指责那些朴素节约的人。今人崇尚奢侈豪华，好像唯有如此，才能显出自己的"大款风范"，才能觉得在众人面前有身份、有地位、有面子。殊不知，地位和面子不是完全靠金钱来支撑的，越是有身份、有地位的人表现得越低调，越不会以挥霍金钱为乐。

所以，不要迷恋物质，还是把更多的精力放到有意义的事情上去。记住，节制而俭朴的生活能磨炼意志，锻炼吃苦耐劳、坚忍顽强的品质，使人们在通往理想的道路上奋勇直前。相反，凡是追求奢华、糜烂生活的人，到头来总会落得身败名裂，走向肉体和灵魂的双重毁灭。

家 风 故 事

李隆基节俭治天下

唐明皇李隆基在位期间出现了"开元盛世"，但他并没有因此而骄傲自满，而是不忘俭朴，对自己及皇室其他成员要求很严，时常督促他们厉行节俭，远离奢靡。到了晚年，李隆基却放松了对自己的鞭策，荒废政事，误用佞臣，招致"安史之乱"。

开元年间，为了在皇室中推行节俭的风气，李隆基特地颁布了一道圣旨：限定皇妹只能领取一千户的俸禄，公主在此基础上减半，并且每户都限定只能配三个男丁。驸马只授予三品员外的官衔，并且不能掌握实权。

唐中宗时，有的公主的封地多达五千户，配备十个男丁。而现今，公主的封地、收入却大大减少，甚至连配备车马的钱都没有，一些公主对此相当不满，但李隆基并不在意。

一次，一个侍臣私下对李隆基说："陛下，老臣近日听闻外面一些议论，不知当讲不当讲?"

李隆基看了看侍臣，说："哦，是什么议论?说来听听。"

侍臣见皇上有意听，便说："老臣听说，公主们对陛下限制她们的俸禄很不满。依老臣看来，公主们的俸禄确实太少，臣子们也会误以为陛下您很吝啬。"

李隆基听后，说："爱卿啊！你怎么也不懂朕的苦心，反而帮她们说话呢？你要知道，公主们的俸禄也是来自老百姓的赋税，不是我个人的，怎么能让她们随心所欲地滥用呢？况且将士们在战场上出生入死，赏赐最多也只不过是一束帛，她们凭什么享受这么多的俸禄？我这是要让她们懂得节俭，不能随便浪费！"这时，侍臣才明白李隆基的良苦用心。

勤俭的康熙帝

康熙帝的生活十分节俭。冬天，他穿的是黑貂皮和普通貂皮缝制的皮袍，而这种皮袍在宫廷中极为普通。此外，就是丝织的御衣，这种丝织品在当时也是极其一般的。在阴雨天，他常常穿一件一般的羊毛外套。夏季，他有时穿着老百姓常穿的麻布上衣。

除了举行仪式的日子外，从他的装束上能够看到的唯一奢华的东西，就是他帽檐上镶着的一颗大珍珠（这是满族人的习俗）。

康熙帝从小受祖母孝庄皇太后的教导，几乎倾注了一生心力治理国家。日常生活中，他拒绝奢靡，拒绝享乐、浮夸、讲排场。在他登基的第二年，一位将帅从前线给他送来一只罕见的黄色小鹦鹉，还专门用黄金打制了一个鸟笼子。

那年康熙帝刚9岁，正是贪玩的年龄，这位将帅本想讨得小皇帝的欢心，不料小皇帝却严词拒绝。康熙帝很清楚，如果自己受这些玩物诱惑，各地的大臣们就会千方百计地去弄来给自己，而这些花费最终还是要从老百姓身上搜刮。

康熙帝50岁大寿时，一些大臣联合制作了一扇屏风给他祝寿。但康熙帝只是把屏风上大臣们所写的祝寿文抄了下来作纪念，屏风却退了回去。

康熙帝对各种花费严格加以限制，出外巡查也厉行节约。不许专门修路，不许擅自建行宫，不许搭彩棚迎送，不许为他的题字题词刻碑建碑亭，如有违反，一旦获悉，一律严惩。

康熙帝登基六十周年时，大臣多次要求举行庆祝大典，但康熙帝就是不同意。他想，与其大肆庆贺，还不如减免赋税，切实为百姓做点事。他的节俭，由此可见一斑。

言行举止应守礼

【原文】

步从容，立端正。

——《弟子规》

【译文】

走路的时候要步态从容，不慌不忙，不急不缓；站立时要身子端正，做到站有站相。

家 规 心 得

"步从容，立端正"告诉我们正确的走路和站立姿势，走步时要从容不迫，站立时要站有站相。在朱熹《童蒙须知》中提到"凡行步趋跄，须是端正，不可疾走跳踯"。意思是但凡走路，无论快走、慢走，都应该稳稳当当，不可蹦蹦跳跳。这个规矩对现代人而言也是有借鉴意义的。一个人的身体姿势是无声的语言，反映着一个人的道德修养和生活态度。举止优雅、风度翩翩、礼貌有加的人，受人尊重。相反，一个人不修边幅、不拘小节、举止随便，是对别人不尊重的表现。军人之所以受人尊重，其中一点就是英姿飒爽，真正做到了走有走相、站有站相，无论到哪里，英姿不减。

那么我们怎样走路和站立呢？现代礼仪告诉我们走路时步子的大小要适中，速度不快不慢，自然摆臂，不要摇头晃肩、扭屁股，更不要东张西望、乱蹦乱跳；站立时挺直身体，收腹挺胸，双肩拉平，两臂自然下垂，眼睛平视前方，面带笑容。不要歪脖、斜腰、屈腿等，在一些正式场合不要将手插在裤袋里或交叉在胸前，更不要下意识地做些小动作。

家风故事

孟子休妻

战国时期的思想家、政治家和教育家孟子，是继孔子之后儒家学派的主要代表人物，被后世尊奉为仅次于孔子的"亚圣"。

孟子一生的成就，与他的母亲从小对他的教育是分不开的。孟母是一位集慈爱、严格、智慧于一身的伟大母亲，早在孟子幼年时候，便为后人留下了"孟母三迁""孟母断织"等富有深刻教育意义的故事。孟子成年娶妻后，孟母仍不断利用处理家庭生活的琐事等去启发、教育他，帮助他从各方面进一步完善人格。

有一次，孟子的妻子在房间里休息，因为是独自一个人，便无所顾忌地将两腿叉开坐着。这时，孟子推门进来，一看见妻子这样坐着，非常生气。原来，古人称这种双腿向前叉开坐为箕踞，箕踞向人是非常不礼貌的。孟子一声不吭就走出去，看到孟母，便说："我要把妻子休回娘家去。"孟母问他："这是为什么？"孟子说："她既不懂礼貌，又没有仪态。"孟母又问："因为什么而认为她没礼貌呢？""她双腿叉开坐着，箕踞向人，"孟子回道："所以要休她。""那你又是如何知道的呢？"孟母问。孟子便把刚才的一幕说给孟母听，孟母听完后说："那么没礼貌的人应该是你，而不是你妻子。难道你忘了《礼记》上是怎么教人的？进屋前，要先问一下里面是谁；上厅堂时，要高声说话；为避免看见别人的隐私，进房后，眼睛应向下看。你想想，卧室是休息的地方，你不出声、不低头就闯了进去，已经先失了礼，怎么能责备别人没礼貌呢？没礼貌的人是你自己呀！"

一席话说得孟子心服口服，再也没提什么休妻子回娘家的话了。

待人要恭恭敬敬

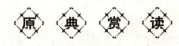

【原文】

缓揭帘，勿有声。

——《弟子规》

【译文】

进出门的时候掀开帘子的动作要轻柔缓慢，尽量不发出大响声。

家规心得

我国的古代建筑的房间的间隔，有时往往不是用门，就是用竹帘或布帘。所以古人教育自己的子女，从小在掀开这个帘子的时候，要"勿有声"，不可以很大声，不可以一拨，后面刚好有人走进去，就打到后面的人。我们现在没有帘子，我们有窗帘，就要教导子女，拉窗帘的时候，不可以很粗鲁，应该轻轻地拉，拉得急了，窗帘的绳子可能就会断。

日常生活中，不仅要做到"缓揭帘"，做任何事情动作都要细腻，不可以很粗鲁，不能够急躁。譬如说整理家事、搬东西，我们都不可以很大声。如果你很大声，动作很大，那就表示你的行为非常粗鄙，不用心，不专心。做事急躁往往就会做事不成功。所以古人提醒我们，事缓则圆，做事缓一步往往能够做得圆满，急于求成，往往都是败事。这都是我们从"缓揭帘"中悟到的人生的学问。看一个人能否做大事，就要看他的心是否安定。慌张忙乱怎可能担负起大业？所以古人云："每临大事有静气。"越是大事来临时心越静，这样就能成功。所以，从"缓揭帘"开始，我们做任何事情都应该谨慎，不应该很粗鲁，更不要急躁。

第三章 居家规范：生活习性家规约束

我们应做到待人如待己，接人待物彬彬有礼，不可傲慢待人，对于门帘、桌椅板凳该恭敬，即是对主人的恭敬。在当今社会中，对待父母、同事、朋友更应学会恭敬和善。

家风故事

孔子至礼

孔子父母曾为生子而祷于尼丘山，出生时头顶又是凹下去的，故名丘，字仲尼。孔子是中国历史上伟大的思想家、教育家。孔子的弟子约有 3000 人，其中非常优秀的就有 72 人。

孔子小时候就十分崇尚礼制，他聪明好学，富于模仿性，年仅 5 岁就能组织儿童模仿祭祀礼仪，这一切都和孔母早期教育分不开。孔母经常给孔子讲故事：从盘古开天地、女娲炼石补天，讲到天命玄鸟降而生商、姜嫄履大人之迹而有周，又讲了尧舜禅让，大禹治水，文王演《易》等许许多多的故事。一天，孔丘听母亲讲了周公吐哺、制礼作乐的故事，非常认真地攥着小拳头说："周公太好了，娘，我长大了也要当周公那样的人！"

孔子在老子那儿问礼，后来在鲁国里做司寇官，代理着相国的职务，他服侍君王，非常尽礼。上朝时，和上大夫交谈，态度中正自然；和下大夫交谈，态度和乐轻松。进入国君的宫门时，低头弯腰，态度恭敬；快到国君面前时，小步快行，态度端谨。走进周公的庙里，每一种事情的礼仪，都要向人询问。

有一次，孔子同鲁国的君主在郊外祭祀后，鲁君违背礼制，没有将祭品分给大夫们，让大家分享祖先的赐福，孔子因为他们无礼，没等摘下礼帽来就离开了鲁国，到别地方去了。路过宋国时，和弟子们在树底下习练礼节。

孔子在平常没有事的时候容貌很舒畅，神色很愉快，外表虽然温和，却仍旧带着严肃；外表虽然威严，却不流于刚猛；外表虽然恭谨，心里仍是安泰的。他遇到放得不正当的座位，就不肯坐下；在有丧事的人旁边吃饭，从来不吃饱；在这一天里哭过，就不再唱歌。可见，圣人对于小小的事情也是不肯苟且的。

一天，鲁国的乐师襄子来拜访孔子，孔子和他谈起了音乐。襄子善于弹琴，孔子想请他指导自己弹琴，襄子答应了。于是襄子就教孔子一支曲子，孔子很认真地学习。十天以后，襄子觉得孔子弹得不错了，就对他说："这支曲子你已经弹得很好了，再学一支吧!""不，"孔子诚恳地说："我刚会弹，对旋律还不熟悉，让我再练几天吧。"说着，孔子又专心致志地练了起来。

几天后，襄子又说："你对这支曲子的旋律已经很熟，可以学别的曲子了。"孔子仍然不同意，说道："虽然旋律弹熟了，但我还不大清楚这支曲子的意思，让我再琢磨几天吧。"这样，孔子又练了起来。过了几天，襄子又催孔子学习新的曲子。孔子说："我现在知道这支曲子的意思了，但我还不知道它的作者是谁，再给我几天时间，让我想想好吗?"襄子被孔子认真学习的态度感动了，就不再勉强他。又过了几天，孔子兴奋地跑到襄子那里，告诉他："这支曲子的意思很深，作曲的人一定有远大的理想，除了周文王还能是谁呢?"襄子惊叹道："你说得一点儿不错，我学这首曲子的时候，我的老师好像说过，这首曲子是周文王作的，叫《文王操》。"

孔子认真学习音乐，收获很大。古代流传下来的诗歌有 3000 多首，他晚年整理古代诗歌，取其精华，选了 305 首，都能一首一首地弹唱出来，编成了《诗》，后人称为《诗经》。他一生完成了《诗》《书》《礼》《乐》《易》《春秋》六部经典的编修工作。孔子以这些经典为教材，精心传授学生，培养了大量的卓越人才。

孔子在中国五千年的历史上，对中华民族的性格、气质产生很大影响，几千年来影响着中国人。

第三章

居家规范：生活习性家规约束

切不可喜新厌旧

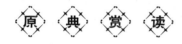

【原文】

勿厌故，勿喜新。

——《弟子规》

【译文】

不要厌恶旧的东西，也不要过分追求新的东西。

家 规 心 得

喜新厌旧作为人的一种品行，从古一直流传至今。不同社会、不同阶级的人群当中，总有这样的人。他们有的飞黄腾达，有的庸庸碌碌终其一生，有的在悲伤忧郁中死亡。这一切，都源于不同人对这一品行的不同态度、不同做法。

一些有钱人随意挥霍，把奢侈作为自己的美德，他们疯狂采购最新的东西以替代原有的东西，于是养成了喜新厌旧的习惯。他们的做法不但造成物质的极大浪费，而且也败坏了社会勤俭节约的风气。

家 风 故 事

宋弘念旧

宋弘是东汉时的司空，一个职位非常高的官，非常有名，一是由于他的才华横溢，二是由于他的英俊潇洒。他上任的时候，恰逢湖阳公主刚刚丧夫，湖阳公主是光武帝刘秀的姐姐，作为弟弟，光武帝很关心自己的姐姐，准备为她物色人选。湖阳公主说：宋公（宋弘）容貌威严，而且非常有才华，我看朝廷里没有一个臣子能赶上他。光武帝一听立刻明白了，亲自去为姐姐打探。但是宋弘是有家室的人，光武帝就做他的思想工作。宋弘说："臣闻贫贱之交不可忘，糟糠之妻不下堂。"光武帝一听明白了，就回去跟自己的姐姐说："这件事情还是算了吧，您考虑别人吧。"

毛泽东厉行节约

新中国成立以后，毛泽东同志便以"厉行节约，勤俭建国"为"治国"导向。他在倡导大家勤俭的时候，对自己的要求尤其严格。他粗茶淡饭，睡硬板床，穿粗布衣，生活极为简朴，一件睡衣竟然补了 73 次、穿了 20 年。经济困难时候，他自己主动减薪、降低生活标准，不吃鱼肉。可以说，毛主席的一生是艰苦奋斗的一生。

1936 年，美国作家斯诺在红色根据地——延安采访，他看到革命领袖和中央领导人都住在十分简陋的窑洞里，穿的是同普通士兵一样的制服时，觉得很惊讶。毛主席也是如此，尽管衣服和裤子上都打着补丁，可却总是洗得干干净净，显得精神抖擞，朝气蓬勃。对此，斯诺感到十分敬佩，并在《西行漫记》这本震惊世界的巨著上面写道：这种力量（指节俭）是中国共产党成功之兆、胜利之本。13 年后，中国共产党的胜利，证明了斯诺的预见。

第三章

居家规范：生活习性家规约束

珍惜时间莫荒废

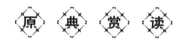

原 典 赏 读

【原文】

朝起早，夜眠迟，老易至，惜此时。

——《弟子规》

【译文】

清晨要早起，晚上要晚些睡。人的一生很短暂，转眼间从少年就到了老年，所以每个人都要珍惜此刻的宝贵时光。

家 规 心 得

"朝起早，夜眠迟"，这句话告诉我们要早些起床，晚些睡觉。其实古人这么说的真正意义是让人们能够充分地利用时间，不要浪费时间，而且还要养成良好的生活习惯。古代和我们现代社会相比，他们没有电视、电话、手机、电脑这些可供消遣的高科技产物；他们也没有饭店、商场、歌厅、舞厅、酒吧等这些娱乐场所。古人生活浪简单，"日出而作，日落而息"，多数人晚上六七点钟天一黑就睡觉了，"夜眠迟"是针对古人的这种情况，鼓励古人在晚上的时候晚一点睡，多利用晚上的时间做一些有用的事情。我们现在提倡"早睡早起"，但两者其实并不矛盾，最终的目的是让我们形成一个良好的习惯，生活要有规津，要懂得珍惜时间。古人从不过没有规津、没有节制的生活，这点是值得我们去学习和效仿的。合理地安排好学习和娱乐的时间，不能只有娱乐没有学习，也不能只有学习没有娱乐。所以说有规津、有节制的生活习惯是非常重要的。

"老易至，惜此时"，告诉我们人生浪短暂，一个人浪容易就从少年变成了老人，等到你变老的时候才想到要珍惜时间就晚了，所以说"少壮不努力，老大徒伤悲"。我们要珍惜现在的每一寸光阴，要知道"一寸光阴一寸金，寸金难买寸光阴"。人生如此短暂，我们就更应该好好地、有效地利用时间，要抓紧可以利用的一切时间，来勤奋地学习。

家风故事

祖逖闻鸡起舞

祖逖，字士雅，晋朝时期我国历史上一位杰出的爱国志士，他是个胸怀坦荡、具有远大抱负的人。

他小时候却是个不爱读书的淘气孩子。进入青年时代，他意识到自己知识的贫乏，深感不读书无以报效国家，于是就发奋读起书来。他广泛阅读书籍，认真学习历史，从中汲取了丰富的知识，学问大有长进。他曾几次进出京都洛阳，接触过他的人都说，祖逖是个能辅佐帝王治理国家的人才。祖逖24岁的时候，曾有人推荐他去做官司，他没有答应，仍然不懈地努力读书。公元317年，晋朝皇族司马睿在江南建立政权，建都建康（今江苏南京），史称东晋。东晋统治集团只想偏安江南，不图收复中原。南渡的人民思念故土，要求同留在北方的人民一起抗击外来侵略者。祖逖就是当时主张北伐恢复中原的代表人物。

祖逖有一位极为知己的好朋友，名叫刘琨，字越石，中山魏昌(今河北无极)人。祖逖和刘琨同为司州主簿，两人志同道合，感情也特别好。

他与刘琨感情深厚，不仅常常同床而卧，同被而眠，而且还有着共同的远大理想：建功立业，复兴晋国，成为国家的栋梁之材。

一次，半夜里祖逖在睡梦中听到公鸡的鸣叫声，他一脚把刘琨踢醒，对他说："别人都认为半夜听见鸡叫不吉利，我偏不这样想，咱们干脆以后听见鸡叫就起床练剑如何？"刘琨欣然同意。

于是，他们每天鸡叫后就起床练剑，剑光飞舞，剑声铿锵。春去冬来，寒来暑往，从不间断。

功夫不负有心人，经过长期的刻苦学习和训练，他们终于成为能文能武的全才，既能写得一手好文章，又能带兵打胜仗。祖逖被封为镇西将军，实

第三章 居家规范：生活习性家规约束

现了他报效国家的愿望；刘琨做了都督，兼管并、冀、幽三州的军事，也充分发挥了他的文才武略。

饮食以适可为宜

【原文】

对饮食，勿拣择，食适可，勿过则。

——《弟子规》

【译文】

对待饮食，不要挑挑拣拣，吃东西要适可而止，不可吃得过饱，每顿吃七八分饱即可。

家 规 心 得

这四句话告诉我们正确对待饮食的要求。"对饮食，勿拣择"告诉我们在日常饮食上要注重营养均衡，多吃蔬菜水果，少吃肉，不要挑食、偏食，饮食是为了获取能量而不是享受。"食适可，勿过则"告诉我们饮食要避免过量，要合理膳食，以免造成身体负担，危害身体。

世界卫生组织于1992年发表的《维多利亚宣言》中提出了健康的四大基石：合理膳食、适量运动、戒烟限酒、心理平衡。由此可见，合理膳食是保持健康的重要环节。对我们现代人而言，不挑食偏食，坚持合理膳食，及时、全面地补充身体所需的各种营养元素，才能塑造强健体魄，保持身体健康。对待饮食，我们都愿意多吃喜欢的食物，不喜欢的总是避让三舍，这是一种不好的饮食习惯。对待食物不要挑挑拣拣，因为人的生命活动需要多方面的营养物质，我们要保持均衡营养，对待我们不喜欢吃的但是对生命活动有益的营养物质也要多方面地摄入，偏食会造成营养过剩或不良，导致生病。很多人愿意吃大鱼大肉而忽视了粗粮的摄入，结果肥胖、糖尿病、心血管病等疾病随之而来。没有大鱼大肉，我们也要快乐地生活，积极乐观地享受人生。孔子曾表扬他的弟子颜回是一个"一箪食，一瓢饮"而"其乐"的人，能不挑食，能苦中作乐，确实不是一件容易的事。老子曾云："圣人为腹不为目。"意即圣人饮食是为了填饱肚子，而不是为了满足口目，这是正确的。但是吃到什么程度为饱为好呢，就是"食适可，勿过则"。吃东西要适可而止，不要过饱，七八分饱即可。面对自己喜欢的食物总是喜欢多吃一点，但是不要暴饮暴食，长期暴饮暴食会加重胃的负担，会打乱胃肠道正常的消化吸收，会诱发胃肠道疾病的产生。饮食是一种文化，中华民族的饮食文化源远流长，暴饮暴食是不正确的行为。在现代生活条件大好的年代，我们在改善物质生活的同时更要纠正暴饮暴食等不正确的饮食方法，提倡合理膳食，保持生命活动的正常运行。身体是革命的本钱，身体健康是个人和家人的幸福，只要我们按照科学规律生活、均衡营养、合理膳食，我们就能健康享受每一天，为国家社会多做贡献。

家风故事

黄帝问岐伯

黄帝向岐伯问道：我听说上古时候的人，年龄都能超过百岁，动作不显衰老；现在的人，年龄刚至半百，而动作就都衰弱无力了，这是由于时代不同所造成的呢，还是因为今天的人们不会养生所造成的呢？

岐伯回答说：上古时代，那些懂得养生之道的人，能够取法于天地阴阳自然变化之理而加以适应，调和养生的办法，使之达到正确的标准。饮食有所节制，作息有一定规律，既不妄事操劳，又避免过度的房事，所以能够形神俱旺，协调统一，活到天赋的自然年龄，超过百岁才离开人世；现在的人就不是这样了，把酒当水浆，滥饮无度，使反常的生活成为习惯，醉酒行房，因恣情纵欲，而使阴精竭绝，因满足嗜好而使真气耗散，不知谨慎地保持精气的充满，不善于统驭精神，而专求心志的一时之快，违逆人生乐趣，起居作息，毫无规律，所以到半百之年就衰老了。

做事不可慌张

【原文】

事勿忙，忙多错

——《弟子规》

【译文】

做事不要慌张着急，一慌忙就容易出错。

家规心得

"事勿忙"，告诫我们做任何事情不要慌忙。因为忙，就会出乱。那么处理"乱"的方法是什么?要缓和。缓可以免悔，退可以免祸，有条不紊，从容不迫就不容易做错事。然后懂得进退，该退的时候不要强出头，可以免掉祸患上身。而后未雨绸缪，循序渐进，最后才有可能成功做好这件事。《大学》里讲："事有终始，知所先后，则近道矣。"凡事都有个开头结尾，都有个先后顺序，当你懂得先后顺序，什么事现在做，什么事将来做，自然就有条不紊。千万不可以等到时间非常紧迫的时候，才匆匆忙忙非常紧张地去做，结果"忙多错"，事与愿违，很容易出差错。所以，我们做任何事情，内心一定要清清楚楚，不要事情很多就忙乱得没有头绪。

家风故事

欲速则不达

从前，有一位农夫挑着一担橘子进城赶集。太阳已经偏西，农夫必须在城门关闭之前赶到，否则便会白忙活一场。农夫焦急地跑着，正巧前面来了一位过路人，农夫立马停住了脚步，气喘吁吁地问道："大哥，我是否能在太阳落山之前赶到城里？"可这位过路人却说："你慢慢地走还来得及。"农夫一听，十分气愤，扭头就走，心想，那照你这么说，慢走可以到达，那快走就不行了吗？不以为然的农夫越走越快，越走越快，结果一不小心，摔了一跤，橘子散了一地，农夫只好一个一个地捡了起来。这时，天色已晚，当农夫到城门时，城门早就关闭了。可想而知，这位农夫最后是竹篮打水一场空！

难易皆以常心待

【原文】

勿谓难，勿轻略。

——《弟子规》

【译文】

做事情不要因害怕艰难而顾虑重重，也不要因简单的问题而轻视忽略。

家 规 心 得

"勿畏难，勿轻略"就是说我们做任何事都不要畏惧困难而犹豫不前，也不可以草率、随便应付了事。注注一件事情不能成功有两大障碍：一个是"畏难"，一个是"轻略"。

"勿畏难"告诫我们做大事不应畏惧艰难，所谓失败是成功之母，我们不仅要懂得如何做一个善败者，在失败中总结吸取经验教训，还要有坚定的决心。为此，我们要想成功，就要有超越自己的能力和信心，要有勇于面对困难，努力战胜困难的决心，保持积极乐观的心态，并且持之以恒，直到成功。因为坚持就是胜利，只有坚持不懈地朝着既定目标前进，最终才能克服困难，获得成功。

　　"勿畏难，勿轻略"既是告诉我们为人处世的一种心态，也是相当重要的一种鼓励，要鼓励自己不要怕困难，要经常勉励自己，向自己挑战。

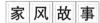

面对困难时无所畏惧

　　隋朝的暴政导致天下民变四起，刚形成的统一局面再次被群雄割据所打破。许多隋朝的官吏也纷纷造反，拥兵自立。

　　李渊本来是隋王朝的贵族，靠继承祖上的爵位当上了唐国公。617年，隋炀帝派李渊到太原去当留守，镇压不断爆发的农民起义。李渊的次子李世民是他的几个儿子中最有才能、最有胆识的一个。

　　李世民平时慷慨好客，喜欢结交天下豪杰。他眼见隋朝大势已去，便立意帮助父亲夺取天下。这时候有人在李渊管辖的地方起兵造反，李渊派兵抵抗，结果接连打了几个败仗。李世民抓住这个机会，劝李渊起兵反隋。李渊一听吓得要命，怎么也不肯同意。

　　李世民说："父亲受皇上的委派，到这里讨伐反叛的人，可是造反的人越来越多，您怎么镇压得住?再说隋炀帝猜忌心很重，如果您立了功，处境只会更加危险。只有起兵造反才是唯一的出路。"李渊觉得他说得有道理，终于决定起兵。

　　当时，马邑郡人刘武周发动叛乱，李渊就以讨伐刘武周为名，开始招兵买马。这遭到太原副留守王威和高君雅的猜疑，他们都是隋炀帝杨广的亲信，对李渊颇有戒心。李渊则拉拢、利用他们身边的人，掌握其动向，伺机除掉两人。

　　一天早晨，李渊正在和王威、高君雅等议事时，有人说有密状给李渊。李渊便让他交上来，但来人却不交，说要告的是副留守王威和高君雅，只有李渊才能看。

　　李渊假装吃惊地说："怎么会有这种事?"他将密状接过来看后便对大家说："王威、高君雅要勾结突厥入侵。"于是命人逮捕了他们两人。

第二天，恰好有几万突厥兵围攻太原，这更使人相信王、高二人勾结突厥确有其事，李渊趁机将两人杀掉了。杀掉王威和高君雅之后，李渊便和将士紧密防守，对付突厥。他用计解了太原之围，又写信与突厥和好，消除了北方的威胁。

617年农历七月，李渊率军三万誓师，正式起兵反隋。他在发布的檄文里斥责隋炀帝听信谗言，杀害忠良，穷兵黩武，致使民怨沸腾。李渊声称要废掉昏君隋炀帝，然后拥立代王杨侑为帝。618年，李渊称帝，改国号唐，定都长安。不久，唐统一了全国。

人生中不可避免地会遇到这样那样的问题。面对困难，你是不断为自己找借口回避困难，还是拿出当仁不让的勇气?毕竟自己的命运自己做主，困难只是我们走向成功的奠基石，而有足够勇气的人，在面对困难时是无所畏惧的。

用人物，须明求

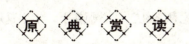

【原文】

用人物，须明求，倘不问，即为偷。

——《弟子规》

【译文】

如果要使用别人的东西，一定要明确地提出请求，如果不问一声就擅自拿去用，那就是偷窃。

家规心得

"用人物，须明求。"这句话告诫我们：当你需要使用别人的东西，要跟别人借东西，而自己又没有这样东西时，一定要明明白白地告诉对方，征求人家同意了才可以拿来使用。这里的"须"就强调了一定要先证得对方的意见，同意借你使用，你才可以动手去拿，若不同意，则不可取。这也是为人处世的基本礼仪。当今社会中有种不好的习惯，往往先拿到对方的东西后，才说"请借我用一下"，而不是先经对方同意了，再动手去拿，若对方不借，反而尴尬。可见，这种先拿后讲的做法，既不礼貌也有失尊重。"倘不问，即为偷"。何为"偷"？"偷"即是盗，趁人不知时拿人东西。所以，如果你没有问对方意见，在人家不知情的状况下拿了就用，就等于偷盗，和小偷没什么两样。

所以，我们要使用别人的东西，一定要事先告知对方，在证得对方的同意后，才可拿来使用。未经许可或在对方不在的情况下连招呼都不打就直接拿去用，即使不是出于偷盗之心，却也做出了偷盗之事。

家风故事

似曾相识燕归来

一日，北宋宰相晏殊正在填一首《浣溪沙》，写到"无可奈何花落去"后，便再无思绪，久久无句可对，甚感惋惜。一年后的春初，文士王琪入府，偶然瞥见画屏上有一"无可奈何花落去"句，随意吟道："似曾相识燕归来。"这可乐坏了晏殊，忙给王琪行跪拜之礼："恩师在上，学生这厢有礼了。"

堂堂一朝相爷，何破贵贱之分，竟给文士下跪？原来，晏殊要索取"似曾相识燕归来"一句来应对他的那句"无可奈何花落去"，将此句收入到他的创作当中，并愿以千金赠馈。王琪说："既然相爷明求，小生当以明对相送。"花的凋落，春的消逝，时光的流逝，都是不可抗拒的自然规律，即使惋惜留恋也无济于事，所以说"无可奈何"；而令人欣慰的重现，那翩翩归来的燕子不就像是去年曾在此处安巢的旧时相识吗？此句还应对了"夕阳西下几时回"一句。

此联一对显得工巧而浑成、流利而含蓄，在用虚字构成工整的对仗、唱叹传神方面无不给人以佳偶天成之感。同时花落、燕归虽是描写眼前景，但一经与"无可奈何""似曾相识"相联系，它们的内涵便变得非常广泛，带有美好事物的象征意味。在惋惜与欣慰的交织中，蕴涵着某种生活哲理的沉思：一切必然要消逝的美好事物都无法阻止其消逝，但在消逝的同时又寄予它重现的微茫希望。生活不会因消逝而变得一片虚无，只能寄希望于它的东升再现，而时光的流逝、人事的变更，却再也无法重复，只是"似曾相识"罢了。缠绵的情致，谐婉的音调，工整的对仗，深刻的哲理使得晏殊的这两句"无可奈何花落去，似曾相识燕归来"。成为千古名句，并被赞誉为"天然奇偶"。

晏殊并没有因为自己的当朝宰相身份将词句强行据为己用，而是明求，这个小故事也说明他尊重别人成果的可贵品行。

借人东西要及时归还

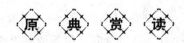

【原文】

借人物，及时还，后有急，借不难。

——《弟子规》

【译文】

借用别人的东西，用完后一定要及时归还，以后碰到紧急用的时候，再借就不会有困难了。

家规心得

"借人物，及时还"，原本是说，凡是借人书籍，都应当用个本子抄录主家的名字，用完后及时归还。此条规矩告诫我们：经人同意后向人家借用东西，用完了要想着及时归还。如果你没有及时归还，万一人家想要用却没有，心里就会对你产生不满，再向我们来索回时就显得更为尴尬，将来你要再借恐怕人家就不会借给你了。南宋哲学家、文学家吕祖谦曾在其家训《辨志录》中告诫他的子孙们："凡是借用别人的书册器物，如果可以不借的，就不要去借，若不得已借来了，则必须爱护它超过爱护自己的东西。借来的东西看完用完后，要马上归还，切不可以借的名义去占为己有，以及是别人的东西便不加以爱惜，以至于损坏。大抵有豪杰气概的人对自己的东西多不顾惜，但是借用别人的东西也能这样吗?借用别人的东西不顾惜，显示的不是豪杰，而是无德！俗话说："有借有还，再借不难。"所以当我们借用人家的东西，一定要想着及时归还，这要很谨慎。如果怕忘记，就记在本子上或日历上。按时归还了人家的东西，才会"后有急，借不难"，下次我们有急需的时候，别人才会再借给我们。这不仅是一个人谨慎行事的习惯和品行，更是对他人的尊重与敬意。

家风故事

宋濂借书不误期

宋濂，字景濂，号潜溪，浦江（今浙江义乌西北）人，他是我国元末明初著名的学者。他学识渊博，为人处世也非常讲信用。

宋濂从小时候起，就非常喜欢读书学习，钻研学问。但是他家里很贫穷，上不起学，连书都买不起，只好向有书的人借书读。当地郑义门的藏书非常丰富，他也很关心宋濂的学习，常常把书借给他读。宋濂学习十分刻苦，在学习条件相当困难的情况下，还是阅读了大量书籍。当他遇到好书的时候，爱不释手，可是书是借别人的，不能不还，于是他就夜以继日地把书抄写下来。冬天，有时天气很冷，外面滴水成冰，室内也非常冷，连砚台都结了冰，手指也冻得几乎拿不住笔了，但是他仍然坚持加紧抄书，抄完之后，及时把书还回去，从来没有耽误过还书的日期。就因为他诚实守信用，不少人都信得过他，才肯把书借给他读。

到了成年，当地能读到的书，宋濂都读遍了。可是他求学的愿望更加迫切了，他就常常到百里以外的地方去寻师求学。有时还要背着行李，赶不回去，就随便找个地方住下来，忍饥挨冻也不灰心。有一次他和一位名师约定上门求学，正好碰上下大雪的天气。上路之后，雪越下越大，路上的积雪几尺深，但他为了不失约，顾不得冻坏双脚，还是步行赶去了。到了客栈时，四肢都冻僵了。好心的店主人很受感动，给他热水喝，盖上被子，才渐渐暖和过来。

　　宋濂求教的老先生，都是很有名望的学者。只要有机会，他一次也不放过求学的时机。他在外地学习，有时寄居在客栈里，生活很艰苦，为了节省开支费用，一天只吃两顿饭，衣服穿得补了又补，很破旧。但他以求知为快乐，别的什么都不在意。就这样，他数十年如一日地刻苦求学，终于取得了成就。

第三章 居家规范：生活习性家规约束

第四章

修身养性：以德报怨传家法

　　心即是心态，是个人修养的体现，从传统文化而言就是修身养性。修养身性的具体行为表现在日常生活中就是择善而从，博学于文，并约之以礼。修身并不是一蹴而就的事，也不是看了些圣贤书就成为甚至超越圣人了。"古之学者为己，今之学者为人"，这里我们更应该像古人一样，学习是为了丰富完善自身的人格，落实到一言一行中而不逾越事理。

常思报恩莫报怨

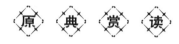

【原文】

恩欲报，怨欲忘；报怨短，报恩长。

——《弟子规》

【译文】

他人对我有恩惠，应时时想回报他；不小心和人结了仇怨，应求得他人谅解，及早忘掉仇恨；报怨之心停留的时间越短越好，但是报答恩情的心意却要长存不忘。

家规心得

人生就像是一场旅行，在这场旅行的过程中，很多人和事都是值得我们终生感念的。作为子女，我们要感恩父母，是他们给了我们生命，让我们来到这个世界上；作为学生，我们要感恩老师，是他们点亮了我们人生的希望之灯；作为员工，我们要感恩老板，是他们给了我们成长和学习的机会；我们还要感恩与我们相知相伴的爱人，感恩与我们患难与共的朋友，感恩与我们合作的客户，感恩帮助过我们的所有人，感恩磨炼了我们意志的各种挫折和困难……

感恩是一种处世哲学，是一种做人境界，是穿越我们一生的智慧。如果我们不懂得感恩，我们的父母就会孤独终老，我们的爱人就会心力交瘁，我们的事业将一事无成，我们的人际关系将如一团乱麻……所以，我们要懂得感恩，有了感恩之心，才能拥有成功，才能获取幸福。

感恩也是获得幸福的决定性条件，虽然幸福对不同的人来说，没有具体的标准，但是假如你有一颗感恩的心，你会对所遇到的一切都抱着感激的态度，这样的态度会使你消除怨气。当你早晨起床，看到窗外明媚的阳光，你会感恩今天天气真好；看到树上有一只小鸟，你会感恩生活真美好；生病了，接到朋友关心的电话，你会感恩有朋友真好；身体健康，你会感恩健康就是福；节日里，一家人团聚，你会感恩亲人在一起就是幸福……如果你的一天甚至是你的一辈子，就在感恩的心情中度过，这样的生活怎么会没有幸福呢？

可以说，如果一个人有了一颗感恩的心，那么他就是世上的幸福之人。反之，即便他再富有也不会感到幸福。例如，一个具有健康体魄的人，假如没有感恩的心作为前提的话，无论拥有多么健康的身体，都不会觉得快乐；一个人即便拥有别人羡慕的工作，如果他没有一颗感恩的心，那么他也不会感到满足。而一个人若是有一颗感恩的心，在感恩之心的驱动下，他会感到每一份工作都是上天对自己的恩赐，从而倍加珍惜，并感到知足。

那么，就让我们带着一颗感恩的心面向这个世界、对待自己的生活吧！只要我们对生活充满了感恩之心，充满希望与热情，我们的心就永远不会变老，我们的精神世界将永远保持年轻。心存感恩，方能知足惜福。

家风故事

感谢良师，教我做人

感恩是敬重的一种表现，许多有成就的人都注重感谢师长。

毛宇居是毛泽东在家乡念私塾时的一位老师。毛老师见毛泽东机敏过人，很是喜欢。

毛泽东也很敬重这位老师。1959年，毛泽东回到故乡，请韶山的老人吃饭，其中就有毛宇居老师。

当毛泽东向他敬酒时，毛宇居老人说："主席敬酒，岂敢岂敢！"

毛泽东却说："尊老敬贤，应该应该！"

毛泽东在湖南第一师范求学时，非常敬佩徐特立先生。1937年徐老60寿辰时，毛泽东写了一封热情洋溢的贺信。信中说："您是我20年前的先生，您现在仍然是我的先生，将来必定还是我的先生。"1947年，徐老70

寿辰时，毛泽东又题词"坚强的老战士"送给他，表示尊敬和祝福。

更为难得的是，对于有缺点和错误的老师，毛泽东也能正确对待，敬重有加。

张干是毛泽东在湖南第一师范读书时的校长。由于他维护旧的教育制度，引起学生不满，毛泽东带头发起了"驱张运动"，使张干不得不离开了学校。

新中国成立初期，毛泽东了解张干离开学校后，没有在反动政府里做官，而是一直在其他学校教书。毛泽东在与朋友谈话时说，张干当时很年轻、很有能力，完全可以当上反动派的大官，他却老老实实教书，这说明他不错。

后来，毛泽东对张干从思想上和生活上都给予了热情的关怀和帮助。

尊师重教是中华民族历来的传统，无论是平民百姓，还是达官贵人，在老师面前都应该恭恭敬敬，他们的身份都是学生。

仁爱之心不可弃

原 典 赏 读

【原文】

多情者多艰，寡情者少难。

——《止学》

【译文】

注重情感的人艰辛多，缺乏情义的人磨难少。

家 规 心 得

社会的不公，人性的扭曲，常常催生出种种不合理的现象和事情。重情重义的好人缺少好报，无情无义的小人得志猖狂，就是此种畸变的一个突出表现，令人扼叹。事实的残酷可以使许多人由热情转向冷漠，但善良、正直之心还是不能舍弃的。这不仅是人类进步发展的需要，更是有志者所要经受的考验之一，尤其是大成功者立足久远的要件之首。如果完全失去爱心，特强施暴，人情皆无，以恶治恶，任何人都将归于失败。

家风故事

文王爱人埋枯骨

商纣王（商朝的最后一个君主）非常残暴，喜欢制造一些酷刑来杀人，看着犯人受刑的惨景，他就会乐得手舞足蹈。商朝人民整天提心吊胆，一不小心就会被处死。

纣王贪财好利，他要求百姓上缴很多很多的租，不停地搜刮百姓。仓库里的粮食多得放不下了，他就把粮食酿成酒，整天喝酒享乐。生活在纣王统治下的人民很苦、很穷。

当时商朝西方有一个叫周的诸侯国，国君是周文王，他和纣王正好相反，十分仁慈。

有一天，周文王坐车到郊外去。在荒野中，他看见地上有一堆死人的骨头，天长日久都已经枯烂了。周文王感到心里很不好受，他对他的随从们说："你们在这附近挖一个坑！"

随从们感到很奇怪，就问："在这荒郊野外挖坑干什么？"

"挖好坑之后，把这些枯骨掩埋起来。"周文王说。

"这不知是谁家死去的人的烂骨头，何必埋它呢？"

周文王叹了口气说："不管是谁家死去的人的骨头，都应有个埋葬的地方，这样暴露在荒郊野外，叫人看了总觉得不好受的。"

于是随从们在附近挖了个坑，把那堆枯骨埋好。

随从们干完活，文王又解释说："我是咱们周国的国君，就是这个国家的主人，所有的周国人都是我的臣民，我应该对他们负责啊！"

周文王讲仁义埋葬枯骨这件事很快在当时各国传开了，人们议论纷纷。

"文王太仁慈了，连没有主人的枯骨都埋葬好，真是仁义之君啊!"

"他对死人都这么好，对活着的百姓一定会更好!"

"周文王对百姓这么好，咱们为什么不逃到那里去呢?"

"对呀，咱们到周国去。"

于是，各国的人都纷纷投奔到周国来。周国每天都接待不少从各国来的百姓。周文王对他们非常友好，给他们吃的、住的，并且分给农民土地让他们耕种，对有才能的人也加以重用，完全像对待周人那样来对待这些归附的人。归附的人越来越多，周国逐渐强大起来了。

周文王还注意成人之好。有些诸侯国之间发生争执，他都尽力调解。周文王逐渐成为各国的领袖。

周文王看到商纣王荒淫残暴，人民的生活十分困苦，就下定决心消灭商纣王的统治。他仁慈爱民，得到人民极大的支持。不久，周文王和儿子武王消灭了商纣王，建立了西周。

周文王统治周国长达50多年，他以仁义治国，以仁慈爱民，得到了天下人的衷心拥护。

谦谦君子美如玉

【原文】

谦谦君子，卑以自牧；伐矜好专，举事之祸也。

——《处世悬镜》

【译文】

道德高尚的人，总是以谦虚的态度坚守自己的德行；而骄傲自满、独断专行的作风，是行事的祸端。

"谦虚使人进步，骄傲使人落后"的名言激励着历代的人坚守着自己的
道德。而历史也见证了谦虚而不耻下问的态度也的确能够促进人们进步，谦
虚的人，虚心向优秀的人学习，以弥补自身的不足；骄傲的人却总是自以为
是地原地踏步，即使他很优秀，也会在一天天的骄傲中变成了无知。谦虚和
骄傲只有一线之差，过分谦虚就成为了骄傲，所以，应适当把握一个度，让
谦虚的风格传扬下去。

家 风 故 事

孔子做人重谦虚

孔子是我国古代著名的大思想家、大教育家，学识渊博，但从不自满，
非常地谦虚。

有一次，他跟他的几个学生周游列国，在一条小路上，他们一行人被一
个 7 岁的小孩拦住。小孩说："你们要回答我两个问题我才让路。"

第一个问题是：鹅的叫声为什么大？

孔子答道："鹅的脖子长，所以叫声大。"

小孩说："青蛙的脖子很短，为什么叫声也很大呢？"

孔子无言以对。他惭愧地对学生说："我不如他，他可以做我的老师
啊！"

孔子的儿子名叫孔鲤，自幼聪明伶俐，才智过人，幼时便识《诗经》、
懂礼仪，在同龄人中可谓出类拔萃，深得大家的喜爱。孔鲤又是孔子唯一的
儿子，在家自然是集万千宠爱于一身，久而久之便滋长了骄傲自满的不良习
气。细心的孔子很快发现了这个严重的问题，可是他不能阻止别人对儿子的
溺爱啊，这个擅长以理教人的大教育家当然也不能大声呵斥儿子。

有一天，孔子带上儿子及一众学生去鲁桓公太庙祭祀。他们来到一尊神
像前，看到一个非常奇怪的青铜器具倾倒在神像前面。

大家看了都觉得非常新奇，便纷纷提出疑问：为什么这器具要倒在神像

103

第四章 修身养性：以德报怨传家法

前面呢？

孔子看了看儿子及众弟子，没有多说什么，而是扭头去问寺庙里的人："请问您，这是什么器具啊？"守庙的人一见这人谦虚有礼，也恭敬地说："夫子，这是放在座位右边的器具呀！"

于是孔子仔细端详着那器具，口中不断重复念着："座右""座右"……然后对儿子孔鲤说："你去提一桶水来。"

被弄得一头雾水的孔鲤只得去提了一桶水过来，孔子对着儿子及众弟子们说："现在让鲤将桶里的水慢慢注入容器中，你们要细细地观察器具的变化。"

孔鲤遵照父亲的指示提起桶，将水慢慢地倒入器具内，当水逐渐注入一半时，倾斜的器具也慢慢端正了起来。而当孔鲤将水注满器具时，器具则翻倒了，满溢的水将器具反扣了过来。

孔子对孔鲤说："你知道这是什么原因吗？"聪明的孔鲤立刻明白了父亲的用意，高兴地说："虚则敧，中则正，满则覆。"

孔子看到儿子还算是聪明，一下子就明白了个中究竟，很满意地笑了。他说："这个器具原本是放在天子座旁，作为对天子的训诫。因鲁国也是周天子的赐封地，所以此庙也同周天子太庙一样设有了这个器具。它的意思是：骄傲自满的人，最终都将会以失败收场。"

儿子听了，非常羞愧，连连点头。

从此，孔鲤再也不以自己是孔子之子而在别人面前骄傲自负了，也不再因为自己的聪明而自负自满了。

抱着谦虚的态度，我们会自觉地不断从外界吸收新鲜的知识和经验，我们会不断进步，我们的人生自然也会丰富、精彩，而骄傲为我们带来的只不过是一种虚假的完满。"人外有人，天外有天"，孔子很明了这个道理，所以甘愿以 7 岁幼童为师，正是这种境界，才成就了他人生的完满。儿子的自满自负，是他最不愿意看到的，所以，他在一个很适当的机会，终于使儿子领悟了"虚则敧，中则正，满则覆"的真理。

小不忍则乱大谋

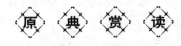

【原文】

忍辱为大，不怒为尊。

——《止学》

【译文】

忍受屈辱是最重要的，不发怨怒是最宝贵的。

俗话说：小不忍则乱大谋。人在困境时尤需要忍受屈辱。屈辱是困境之人难以躲避的，不能忍受它，就会使自己的处境更加险恶，使自己狭窄的生存空间更添危机。空发怨怒无益于处境的改善，只会招致更大的打击。能做到忍辱、不怒是件不易的事，它要求人们必须对现实和自身有清醒的认识，如果把它提高到生存的智慧和人生的谋略上，变通和豁达就毫不难为了。在无助的情况下，调整自己的心态和行事准则，就能渡过一切难关。

家 风 故 事

韩信胯下忍奇辱

韩信是西汉时期淮阴人。他少年时期熟读诗书，苦学兵法，又拜过师傅，练过武艺，舞刀弄剑也有一套，后来父母双亡，家里十分贫寒。他当时没有什么名声，也没人推举他出去做官，而他只知道读书习武，也不会经商谋生，常常过着半饥不饱的日子。

为了不挨饿，韩信总是厚着脸到邻居家里去寄食，次数多了，邻居们也都讨厌他。这时，他所在的乡下，有个南昌亭长，心肠很好，看他好读书，又总挨饿，就让他到自己家里去吃饭。每天到了吃饭的时候，韩信就到亭长家里去。开始，亭长一家人也没有什么不好的表示。可是韩信在这里一吃就是好几个月，天天饭时来，饭后走。亭长的妻子渐渐地厌恶起他来了。

有一天，亭长不在家，亭长的妻子一大早就把饭做好了，接着就在垫席上很快地把饭吃完了，然后把碗筷全都收拾得利利索索。到了吃早饭的时候，韩信像往常一样，来到亭长家里，可是看不到准备好的饭食。但是饭菜香并没有散尽，韩信知道了亭长妻子的用意，虽然心中不高兴，但也没有说什么，转身离开，从此一去不回。

韩信没有什么事情可做，就到城下的淮河边上钓鱼。钓到鱼，换几个钱，吃顿饱饭，钓不着鱼，就只有饿肚子。

淮河边上有许多老妇人在那里漂洗丝絮。其中有个老妇，天天来洗，为了在这干一天活，每次都带个饭篮子。老妇洗了一阵，饿了，就揭开饭篮吃饭。韩信哪还有心思钓鱼呀，眼睛光顾盯着老妇手中的饭碗。老妇看见韩信饥饿的样子，就省下一些饭给他吃，韩信也顾不得害臊，接过饭碗就狼吞虎咽地吃了。以后，老妇每天都特意多带些饭食，送给韩信吃。

韩信对老妇十分感激，有一天，吃完饭，他就对老妇说："我将来一定重重报答您老人家。"没想到这句话反惹得老妇十分生气。她说："一个男子汉不能自食其力，够没出息了。我是可怜你，才给你吃的，难道我还期望报答吗？恻隐之心人人都有，我还有口吃的，看你饿得那份可怜样，我心里难受。不过，我倒希望你不要总在这里消磨时间，还是去做一番大丈夫应做的事吧！"韩信只好说了声"是"，有些羞愧地走开了。老妇在河边接连洗了十几天丝絮，一直都给韩信捎些饭来。

韩信虽然贫穷，可也像一般武士、游侠那样，腰中总是佩着一把利剑。韩信时常到淮阴城中的书肆上，站在那读自己没见过的好书，城里的一班少年见了，总是取笑他，有的说："韩信，你带把剑，算个什么呀，文不文、武不武的，趁早摘下来，找个地方混饭去吧。"

其中，有一个卖肉的青年人，对韩信特别刻薄，当众羞辱他说："别看你长得又高又大，还老带着剑，像是会两招，其实不过是个胆小鬼罢了。"
韩信对他的侮辱，当作没听见，照旧走自己的路。可是那个青年，还不放过
他，跑到韩信的前面，拦住了他的去路，挑衅地说："你敢跟我拼一拼吗？
你要是不怕死，就拿剑来刺我；要是不敢，就趁早从我胯下钻过去！"说着，
他又开两条腿，在路中央来了个骑马蹲裆式。

　　韩信抬起头来，两眼紧盯着面前的青年人，嚅动着嘴唇，似乎在思索着
什么。过了很长时间，韩信慢慢低下头，趴下身子，从青年人的胯下爬了过
去。满街的人都笑开了，认为他真是个胆小鬼。但韩信却像什么事也没发生
似的，拍拍身上的土，照直向前走去。

　　后来韩信被刘邦拜为大将，又封为楚王。韩信派人找到当年的老妇人，
赏给她千金；找来南昌亭长，赏给他百钱；又找来那个卖肉的青年，让他做
中尉。对此，众人不解。他对文官武将说："当年他侮辱我时，我难道不能
杀他吗？但没有任何理由是不能杀人的，所以就忍耐过去了。"

　　受辱而不计较，受恩而又必报，正是儒家的恕道所提倡的。韩信也因此
成就了一番事业。

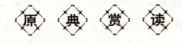

君子有三戒

原　典　赏　读

【原文】

　　子曰：君子有三戒：少之时，血气未定，戒之在色；及其壮
也，血气方刚，戒之在斗；及其老也，血气既衰，戒之在得。

——《论语·季氏》

【译文】

　　孔子说：君子有三件事情应该警惕戒备：少年的时候，血气

107

第四章　修身养性：以德报怨传家法

还未稳定，不要贪恋女色；到了壮年，血气旺盛刚烈，不要争强好斗；到了老年，血气已经衰弱，不要贪得无厌。

家规心得

人的一生就是在一条叫岁月的河流中跋涉，这条河流有激流也有潜流，有平静的水面也有翻流的浪头，使得人生的各个阶段有各自的特点和禁忌。

孔子抓住了人在不同阶段的特点，指出了人在各阶段极易犯的错误。了解了这一点，我们就可有所警惕，有所戒备。

人到壮年的时候，由于事业上的竞争，使得他们都有这样一种心理，那就是，时时处处都想打垮别人，而让自己出人头地，高人一等。所以壮年的时候就是要戒"斗"。

老年戒的是"得"，这里的得是指贪得无厌。辛苦了大半辈子，等到老年，本应该是享清福的时候，而过多的欲望却无法让人享受内心的清净。所以，要懂得控制自己的欲望，对待一切要舍得，有舍才有得，以回馈的心态来看世事，做一个清心寡欲之人。

那么，怎么戒呢？用孟子的话说："持其志，无暴其气。"也就是用志气控制血气，用理性去约束情感和欲望，以达到中和调适。

家风故事

戚家教子勿"贪荣弃志"

戚继光（1528—1588），字元敬，号南塘，晚号孟诸，山东蓬莱人，明代抗倭名将，民族英雄，杰出军事家。戚继光25岁负责山东全省沿海防御倭寇，取得了令人瞩目的成绩，堪称一代爱国名将。他智勇兼备，多谋善断，练兵有方。指挥戚家军"飙发电举，屡摧大寇"，甚至还出现过歼敌上千人，而"戚家军"却无一人阵亡的罕例，被誉为我国"古来少有的一位常胜将军。"

1528年11月12日，明代抗倭名将、军事家戚继光诞生在登州卫指挥佥事戚景通的家里。

戚继光出身将门，曾祖父戚圭早在1433年，就曾向中央政府建议加强海防来对付倭寇。父亲戚景通，是一位武艺精熟、治军严明的将领。56岁才得子戚继光。

一般来说，晚年得子加之将门子弟，父亲应倍加疼爱。可是，戚景通平时对儿子要求十分严格。亲自教戚继光读书、写字、练武，还反复地给他讲述保国安邦和为人处世的道理。他认为只有把孩子培养成国家栋梁，才是真正的疼爱。

戚景通为了使儿子对军事发生兴趣，经常鼓励他和其他孩子做军事游戏。戚继光平时耳濡目染，做起军事游戏来很有办法。他和其他孩子一起筑工事布阵势，自己当"指挥官"，认真指挥每一场"战斗"。

戚继光10岁以后，父亲离职还乡，他随同父亲回到了老家山东蓬莱。

有一天，工匠为他家修理房子，两楹之间原准备安四扇雕花门户，工匠向戚继光建议说："公子家是将门，可以安设十二扇雕花门户。"戚继光觉得有道理，便向父亲提出上述要求。谁知父亲断然拒绝了，还面色严肃地批评了他爱虚荣、讲排场的举动，他说："人生一世，要一心为国为民，不求虚荣，不讲排场。你年纪轻轻不想如何求上进，却一味讲究虚名，将来怎能成为栋梁之材，为国效劳！"戚继光满面羞愧，再也不敢提起此事了。

又有一天，戚景通发现儿子脚上穿着一双考究的锦丝编织的鞋子，不由得双眉紧锁，忙把戚继光叫到面前，狠狠地训斥道："你小小年纪，竟然穿这样上等的鞋子！长大就会要求穿更好的，吃更好的；当了军官说不定还要侵吞士兵的粮饷。"事后，他尽管弄清了鞋子是外祖父家送的，但还是不允许他继续穿。他认为，如果不制止，孩子就会沾染上奢侈的坏习气。

戚景通一心爱国，终生廉洁，两袖清风，没有多少家产。他临终时，把戚继光叫到面前，指着自己花了毕生精力写成的军事著作，语重心长地对儿子说："继光呀，你真的以为我一无所有，没有什么遗产可以留给你吗？要知道，我留给你的是大量军事文集，其价值是常人们难以估量的。"

戚继光接受了父亲留下的宝贵遗产，立志"身先士卒，临敌忘身""不求安饱，笃志读书"，决心继承父亲的事业。他在投军当上将领后，牢记父亲的训诫，处处以身作则，做士兵的表率。一次行军途中遇到大雨，地方绅士请他进民房休息，他执意不肯，坚持和士兵们一起站在滂沱的大雨中。戚

第四章 修身养性：以德报怨传家法

继光的举动使部下非常感动，都自觉以他为自己行动的楷模。

戚继光平定东南沿海倭患后，被朝廷调往蓟州戍守，驻三屯营。

由于连年战乱，三屯营城墙破损，垣倒房塌。戚继光到任后，率领将士们和当地百姓一起修城筑台，重建家园。

这一年，春暖花开的时候，戚继光把母亲、妻儿接到三屯营总兵府。这天处理完公务，他陪母亲出来散散心。

一路上，他们走走看看，只见城门高大雄伟，城里红墙青瓦，绿树成荫；街上店铺林立，行人怡然自得。戚继光又领母亲来到一片池塘前。池塘里鱼儿戏水，岸边桃红柳绿，一座六角凉亭掩映其中，美得像画一样。戚母连声夸好。

回到府中，戚继光询问母亲此行的印象。

戚母意味深长地说："儿啊，这城，这湖都修得挺好，娘很满意，可就是忘了一样事！"

戚继光一愣，忙问："母亲，你说忘了何事？"

"忘了给这城装几个轱辘，等你再调往别处的时候，可以推着走啊。"

戚继光一听，明白了，跪下说道："母亲，您经常教育孩儿要志在报国，效忠朝廷，孩儿时刻铭记在心。至于个人荣华享乐，早已置之度外。"

戚母听后展颜而笑："儿啊，你这么说，娘就放心了，娘是怕你居安忘危，贪荣弃志啊！"

因此，戚继光所率领的军队，纪律十分严明，战斗力也很强。他带领纪律严明的戚家军，奋勇抗击倭寇，屡战屡胜，成为我国历史上有名的抗倭民族英雄！

无欲无求能安心

【原文】

不贪权，敞户无险；不贪杯，心静身安。

——《处世悬镜》

【译文】

不贪慕权贵，敞开门过日子也平安无事；不痴迷杯盏，内心安宁平静，身子也能持盈保泰。

家规心得

"贪慕权贵、痴迷杯盏"都是人生的一种欲望，"无欲无求"是人生追求的又一境界。然而很多人追求了一辈子才明白了这个道理，也有人只有在错误之后才恍然大悟。其实，太多的物质追求只能让人们的欲望成为了无底洞，没有止境，总想得到的越来越多，慢慢地就被欲望牵着鼻子走。还是放慢欲望的脚步，适中最好，适中才会享受到美好的生活，成功的事业。

家风故事

许衡不食无主之梨

许衡，河南沁阳县人。他出生于农家，少年时代，就以聪明勤奋闻名。后来，元朝统一天下后，他曾当过元世祖忽必烈的大学士，是元朝有名的开国大臣之一。

南宋末年，天下大乱，混战不休。老百姓为了逃避战火，纷纷离开故土，扶老携幼，四处逃难。

有一天，在金朝统治下的河阳县(今河南孟县)地界里，大道上走着一位十七八岁的青年人。他背着行囊，腰挎长剑，眉宇间透出一股英气。这青年的名字叫许衡，他要到河阳县来向一位老学者请教学问。

许衡一边走，一边望着路边荒芜的田野、破败无人的村庄，胸中涌出无限感慨，他想："如果战争再不停息，天下的百姓真是活不下去了。但愿我能辅佐一位英明的君主，统一天下，让老百姓重新安居乐业。"这样想着，他便加快了脚步，恨不能一步赶到那位老学者家中，把治国平天下的本领学到。

这时正是三伏天，炎炎烈日炙烤着大地，空中一丝风也没有。许衡走得汗流浃背、口干舌燥，真想找个地方乘乘凉，喝上一肚子甘甜的泉水。可这里刚刚经过战火，四周的人家跑得一干二净，哪里去找水喝呢？走着走着，他看到前面路边的大树下，有几个人正在那里乘凉。他急忙赶过去，希望能讨口水喝。走到近前，发现这几位是赶路的小商贩。一问，才知道他们身边带的水也喝光了，因为无处找水喝，正在那里唉声叹气。许衡只好在他们身边坐下，准备歇口气再走。

商贩们问许衡是做什么的，许衡告诉他们自己是个求学的书生。一个商贩叹口气说："嗨，这兵荒马乱的年头，读书有什么用？要是学武，倒可能出人头地。"许衡说："仗不会老这样打下去的，等战争停了，国家总是要有人来管理的。"商贩们一齐笑道："看不出这小伙子倒挺有志气！"这时，远处跑来一个人，怀里捧着什么东西，边跑边大声喊着。商贩们都站起身来张望，原来那人是一起赶路的商贩，刚才独自出去找水。等他跑近，大家才发现他怀里捧着的，竟然是几个黄灿灿的、水灵灵的大梨！商贩们都欢呼起来，一齐跑过去抢梨吃。许衡也走上去问道："这梨是从哪里买到的？""买？"那个商贩哈哈大笑起来。"这地方的人都跑到山上避兵灾去了，连个人影都没有，哪里去买？""是呀，那你是从哪儿弄来这好东西的？"商贩们边吃边好奇地问。"我到那边村子里转了转，想找个人家，把水葫芦灌满。好家伙，别说是人，连个老鼠都找不着！水井也都被当兵的用土给填上了。我正在丧气，忽然看见一家院子的墙头上露出一枝梨树枝，上面结着几颗馋人的大梨。这下子，我乐得差点晕过去，可是跑过去一看，这家的院门都用石块给堵上了，墙头也挺高。我顾不上这许多，费了好大劲，才翻进院子里，摘了这些梨。那树上的梨还多得很，我们一起去多摘些，带着路上吃好不好？"

商贩们齐声说好，各自收拾东西，准备去摘梨，许衡插嘴问道："你说村里的井都被填上了吗？"

"可不，当兵的看老百姓都跑光了，一气之下，走的时候，就把井都填了，你甭想找到水喝。"

许衡叹了口气，默默地转身走开了。商贩们奇怪地问道："小伙子，你不和我们一起去摘梨吗？"

许衡说："梨树的主人不在，怎么能随便去摘呢？"商贩们又笑起来，说："你真是个书呆子！这兵荒马乱的日子，哪里还有什么主人呢，再说，那树的主人没准已经被打死了呢。"许衡认真地答道："梨树虽然无主，难道我们自己的心里也无主吗？不是自己的东西，我是决不会去拿的。"说完，许衡背起行囊，挎上剑，向商贩们拱手道别后，就转身上了大路。背后又传来商贩们的笑声，许衡似乎根本没听见，他的脚步迈得很踏实。

弱时不可无强心

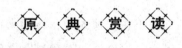

【原文】

胆劲心方，虽弱亦强。

——《处世悬镜》

【译文】

只要有强劲的胆识和良好的心态，即使在不利的条件下，也有可能转变局面。

第四章 修身养性：以德报怨传家法

家规心得

良好的心态是立于不败之地的基本条件。微笑地面对生活的坎坷，万事都会转危为安。同时还要有强劲的胆识，这样才会有勇气去战胜眼前的困难。心态和胆识是解决困难缺一不可的条件。有勇无谋，乃是匹夫之勇。匹夫之勇可以成就一时之事，但不可能成大事。而有谋无勇，就会优柔寡断。有了好策略，又瞻前顾后，再好的策略也只会束之高阁。智勇双全，做事成功才有保证。

在战争中，战将平静的心态才能稳住军心，尤其是在大敌当前之时，不但要镇静，还要运用智谋，才能取得战争的胜利。

家风故事

诸葛亮隆中对救刘备

官渡大战以后，刘备逃到荆州，投奔刘表。刘表拨给他一些人马，让他驻在新野(今河南新野县)。

刘备是一个雄心勃勃的人，因为自己的抱负没有实现，心里总是闷闷不乐。他想寻找个好助手，他打听到襄阳地方有个名士叫司马徽，就特地去拜访。

司马徽说："这一带有卧龙，还有凤雏，您能请到其中一位，就可以平定天下了。"司马徽告诉刘备：卧龙名叫诸葛亮，字孔明；凤雏名叫庞统，字士元。

徐庶也是当地一位名士，因为听到刘备正在招请人才，特地来投奔他。刘备很高兴，就把徐庶留在部下当谋士。徐庶说："我有个老朋友诸葛孔明，人们称他卧龙，将军是不是愿意见见他呢？"刘备听了徐庶的介绍，说："既然您跟他这样熟悉，就请您辛苦一趟，把他请来吧！"徐庶摇摇头说："这可不行。像这样的人，一定得将军亲自去请他，才能表示您的诚意。"

刘备先后听到司马徽、徐庶这样推重诸葛亮，知道诸葛亮一定是个了不起的人才，就带着关羽、张飞，一起到隆中去找诸葛亮。三顾茅庐后，诸葛亮终于被刘备的诚意感动了，就在自己的草屋里接待刘备。

诸葛亮看到刘备这样虚心请教，也就推心置腹地跟刘备谈了自己的主张。他说："现在曹操已经战胜袁绍，拥有一百万兵力，而且他又挟持天子发号施令。这就不能光凭武力和他争胜负了。孙权占据江东一带，已经三代。江东地势险要，现在百姓归附他，还有一批有才能的人为他效力。看来，也只能和他联合，不能打他的主意。"

接着，诸葛亮分析了荆州和益州（今四川、云南和陕西、甘肃、湖北、贵州的一部）的形势，认为荆州是一个军事要地，可是刘表是守不住这块地方的。益州土地肥沃广阔，向来称为"天府之国"，可是那里的主人刘璋也是个懦弱无能的人，大家都对他不满意。

最后，诸葛亮说："将军是皇室的后代，天下闻名，如果您能占领荆、益两州的地方，对外联合孙权，对内整顿内政，一旦有机会，就可以从荆州、益州两路进军，攻击曹操。到那时，有谁不欢迎将军呢？能够这样，功业就可以成就，汉室也可以恢复了。"

刘备听了诸葛亮这一番精辟透彻的分析，思想豁然开朗。他觉得诸葛亮人才难得，于是恳切地请诸葛亮出山，帮助他完成兴复汉室的大业。诸葛亮于是出山辅佐刘备。

后来，人们把这件事称作"三顾茅庐"，把诸葛亮这番谈话称作"隆中对"。

第四章

修身养性：以德报怨传家法

第五章

与人为善：言辞有道积家德

语言是人们交流的工具，也是一个人能力和素质的体现之一。同样的话语，由不同人来说，可能会有不同的结果。传统家训并不看好花言巧语，而是尽量教育人们多行少言，纵然是说好话也应该做到言拙意隐。

多话不如少话

【原文】

话说多不如少，唯其是勿佞巧。

——《弟子规》

【译文】

多说话不如少说话，说话要恰当无误，千万不要花言巧语。

家 规 心 得

说话是很容易的事情，正因为是很容易办到的事情，所以才更要慎重。有的人到处随口乱说，想说什么就说什么，结果是话一出口就伤人，得罪了人自己还不知道。长此以往，就无形中给自己设置了很多障碍。同理，办事也应该考虑周全，不能随随便便，一时冲动就义气行事。

少说，就多了思考的时间，那么，经过思考后再说出来的话，就更容易切中实质。

做人欲常立身，就不能不注意言行谨慎，措辞委婉。因此，在说话办事的时候，要记住这样一个原则：在任何地方和场合，开口之前必先三思，一定要注意所说话语的内容、意义以及措辞、声调和姿势，做事的方法和时机。在什么场合应该说什么话、怎么说，在什么时候做什么事、怎么做，都是值得加以研究的。

少言寡语的李靖

李靖是唐朝开国名将，与他在战场上尚奇、尚速、尚险的风格完全相反的是，生活中的他性情非常稳重，是个稳健的人。他遇事总是思之再三，谋之再四，绝不冲动地做任何一件事，在他生平中，未尝有过后悔之事。时间长久了，他便养成了好静思的习惯，闲休无事时，别人高谈阔论、谈笑风生，而他却整日静思，不置一词。

李靖不善言辞，每当上朝时发生了一些争论，他总是一言不发。与宰相们议事时，他也是听得多而说得少。每闻人言，便先在心中掂量此话的分量与是非，若以为是，他便不再言语，因为多说也是无益；若以为非，就善意地提示一二，言简意赅。

李靖这种风格使他在朝廷中树敌很少。当然，皇帝欣赏他，他不必惧怕谁，可他从不利用这点。李靖不好与人争，但认准了的方向不轻易回头，办事讲究原则。

征讨突厥时，他开罪于御史大夫温彦博。李靖大军横扫漠北、击破突厥之后，奏凯还朝。接踵而来的本应是表彰、封赏，却未料兜头便是一盆冷水，温彦博弹劾说："李靖的军队没有军纪，缴获突厥的珍宝都散失到乱兵之中了。"

不管事实怎样，李世民闻知此事十分生气，他即刻招来李靖，怒斥于朝堂之上。李靖并不知情，可他无力自辩，唯有叩首谢罪。天子盛怒，冒险辩驳也是无济于事。于是，李靖只有等待，等待李世民平息了胸中怒火，再作打算。

几天后，李世民对李靖说："隋将史万岁击破了达头可汗，有功不赏，反以罪被杀。朕绝不会如此做。应该赦免你的罪过，记住你的功勋。"下诏授李靖左光禄大夫，赐绢一千匹，增封食邑共五百户。这已经是照常的封赏。又不久，李世民干脆挑明了，向李靖道歉说："从前有人谗害你，现在朕已明白，你不要介意。"

由于少言寡语，谨慎从事，李靖的后半生基本上是平安的。

知人短勿揭人短

【原文】

人有短，切莫揭。

——《弟子规》

【译文】

看到别人的短处和缺点，一定不要让它显露出来。

家规心得

俗语道："打人不打脸，骂人不揭短。"这句话充分表达了人们尤其是中国人最看重的面子问题，而打脸和揭人短处都是最伤人面子的事情。从中庸为人的角度来看，说话不可伤人心，更不可伤人脸面，要知道这张"脸面"虽然是看不见摸不着的，但是代表着作为一个人的人格和尊严，是神圣不可侵犯的。如果人们犯了这个忌讳很可能就会得罪人，让自己陷入僵局，甚至丢了性命。

为人处世不能随心所欲，想说什么就说什么，一定要知道哪些话是不该说的，尤其是当我们知道别人不愿提及的事情时就必须"绕道而行"，否则必会自食其果。

在说话时一定要保持谨慎，切莫说些不合时宜的话，这既是表现自己的修养品德，也关系到对方对你的印象好坏。那么，怎样才能做到这一点呢？

做到了解对方，正如兵法所说，"知己知彼，百战不殆"，你得留心对方的情况，尽量了解对方的长处和短处，如果是初次见面要留心观察，比如对方身材短小，你决不可当着他说"侏儒""矮子"之类的话。若一时不知对方的忌讳是什么，说话就要谨慎，否则就容易陷入揭短的误区。

如果不知道和对方说些什么，不妨多提对方光彩的事。多夸别人的长处一般不会犯错，好汉多数都愿意提当年勇！然后多听少说，这样容易得到对方的好感。

如果必须要与对方谈些"忌讳之物"，也一定要注意用词委婉，尽量不使人过于难堪。

家风故事

朱元璋的故事

一天，一位穷朋友从乡下来到京城皇宫门前求见明太祖。朱元璋听说是以前的老朋友，非常高兴，马上传他进殿，谁知这位穷朋友一见朱元璋端坐在宝座上，昔日的容颜似乎没有多大变化，便忘乎所以地直通通地说："我主万岁！您还记得我吗？从前你我都替人家放牛，有一天我们在芦花荡里把偷来的豆子放在瓦罐里清煮。还没等煮熟，大家就抢着吃，甚至把罐子都打破了，撒了一地的豆子，汤也都泼在泥地上。你只顾满地抓豆子吃，不小心连红草叶子也送进嘴里，叶子哽在喉咙里，苦得你哭笑不得，还是我出的主意，叫你用青菜叶子吞下去，才把红草叶子带下肚里去……"还没等说完，朱元璋早就听得不耐烦了，嫌这个孩提时的朋友太不顾体面，于是大怒道："推出去斩了！推出去斩了！"

后来，这件事让另外一个穷朋友知道了，心想这个老兄也太莽撞了，于是，他心生一计，信心十足地去见他小时候的朋友，当今的皇帝。

这个穷朋友来到京城求见朱元璋，行过大礼，这个人便说："我皇万岁万万岁！当年微臣随驾扫荡泸州府，打破罐州城，汤元帅在逃，拿住了豆将军，红孩儿挡关，多亏了菜将军。"朱元璋一听，不禁大笑，他认出了眼前的这个是孩提时的朋友，心中更为此人巧妙地暗示他们小时候在一起玩耍的事而高兴，于是让他做了御林军总管，留在了自己的身边。

121

第五章 与人为善：言辞有道积家德

势不压人理服人

【原文】

势服人，心不然，理服人，方无言。

——《弟子规》

【译文】

用权势去压服人，他们虽然会表面服从，但心里还是不服；用道理说服人，才会令他们心服口服。

家规心得

假如我们是用权势、地位去压别人，别人的心里不会很服气，虽然表面上还是对我们毕恭毕敬，但转身以后就怎么样？他可能立刻就来一个大变脸，抱怨、牢骚，甚至讥讽谩骂！假如我们给予别人的一种尊重也是这么表面，那我们应该好好反省反省自我，因为这样的尊重是很虚华的、很肤浅的，我们要追求实在、真实的人生。有一个小朋友说道：从小到大，妈妈打过我，但妈妈打我我都忘记了，而爸爸打我，我每次都记得很清楚。同样是处罚，为什么差别这么大？他自己揭示了谜底。妈妈打他，动机是爱护他，是管教他，所以打完之后他心里也明白自己错了，反而会去改正；但是爸爸打他，出发点不是要教育他，而是心情不好或者酒后发泄，脾气一来就打他一顿，他的心里很不服气，所以每次都记得很清楚，我们用什么态度对待孩子，他心里明明白白、一清二楚，所以要"理服人，方无言"。

负荆请罪

战国时期的赵国，有一个叫蔺相如的人，不仅足智多谋、胆量过人，而且气量宏大、肯于忍让。人们历代把他看作讲求团结的模范，交口称赞。

蔺相如曾两次出使秦国，保全了赵国的尊严，使赵惠文王免受屈辱，为国家立了大功，得到赵王的信任，拜他为上卿，地位在大将军廉颇之上。

廉颇很不服气，从朝廷上回到家里，当着门客的面大发脾气，气呼呼地说："我是赵国的大将军，攻城野战，斩将夺旗，出生入死，拼杀疆场，为赵国立下的汗马功劳数都数不过来。他蔺相如算得了什么，原来不过是宦官头儿手下的一个门客，就凭一张利嘴，一下子就爬到了我的头上，真是岂有此理！"他身边的一些门客，也连声附和说："要是没有廉将军在国内辅佐太子留守，威震秦王，光凭蔺相如耍嘴皮子，也未必占到什么便宜。"

一听这话，廉颇更是火冒三丈，愤愤地说："你们等着瞧，他要是让我碰上，一定当众羞辱他一番，出出胸中的闷气。"

早有人把这番话传到蔺相如的耳朵里了，他想："廉将军英勇杀敌，雄震诸侯，强秦不敢轻易侵犯赵国，一是有我谋划方略，二是廉将军用兵有方。我要是和他闹起来，势必会削弱国家的力量，秦国就会乘机进攻。为了国家，个人受点委屈算不了什么！"于是蔺相如就假装有病，不去上朝，免得和廉颇在朝廷上争排列的位次。蔺相如手下的人都说他胆小，议论纷纷，为他抱不平。

有一天，蔺相如带着一队随从外出，也是冤家路窄，老远就望见廉颇的车马前呼后拥地过来了，他赶紧叫车夫把车赶到小巷里，暂避一下，让廉颇的车马先过去。这一来，可把蔺相如手下的门客气坏了，纷纷责怪他太胆小怕事，对廉颇的忍让也太过分了。他们气愤地说："您的官职比廉颇高，可他要侮辱您，您不敢吱声，还不敢在朝廷上跟他碰面，如今在半路上遇见他，又要藏藏躲躲的，让我们以后都没法出门了。我们的度量小，咽不下这口气，只好跟您告辞了。"

蔺相如一听，笑了，对他们说："你们看廉将军跟秦王相比，哪一个势力大？"他们异口同声地说："廉颇当然比不上秦王。"蔺相如说："确实如此。天下的诸侯都怕秦王，没有人敢反对他。可是我为了赵国的利益，就敢在秦国的朝廷上当面谴责他。"一个门客说："当你把和氏璧以智赚回手中，表示宁可让头颅同玉璧一起撞碎在宫柱上时，秦王连忙向您赔不是。您还在秦廷上历数秦国二十几位君主都不讲信义，说得他面红耳赤，无言答对，终使完璧归赵！可现在您的威风哪去了？"

另一个门客说："听说您赔赵王共赴渑池之会，要在五步之内，用颈血溅洒秦王，逼使秦王为赵王击缶。可如今您的胆量哪去了？"

蔺相如诚恳地说："两虎相争，必有一伤。强横的秦国所以不敢进犯赵国，还不是因为有我和廉将军同心协力地抵抗吗？我是把国家的急难放在前面，哪能顾及个人恩怨。就为这，我才忍气吞声，迁就容让。这不是胆小，这是以大局为重，以团结为重。"众门客听了蔺相如一席话，都十分佩服他的气量，也都跟着心平气和了。

廉颇听说了这事以后，羞愧难当，深恨自己当初跟蔺相如赌气，使性子。于是就裸着上身，背上荆条，亲自到蔺相如的府第去请罪。

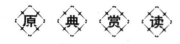

为人处世莫多言

原 典 赏 读

【原文】

处世戒多言，言多必失。

——《治家格言》

【译文】

为人处世一定不要多说话，话说多了一定有不到之处。

中国民间有一句老话叫作"言多必失"，是说如果一个人总是滔滔不绝地讲话，说的话多了，话里自然而然就会暴露出许多问题，比如你对事物的态度，你对事态发展的看法，你今后的打算等，会从谈话中流露出来，被你的对手所了解，从而制定出相应的策略来战胜你。而且，你的话多了，其中自然会涉及其他人。由于所处的环境不同，人的心理感受不同，而同一句话由于地点不同、语气不同，所表达的情感也不尽相同，别人在传话过程中也难免会加入他个人的主观理解，等到你谈的内容被相关的对象听到时，可能已经大相径庭，势必造成误解、隔阂，进而形成仇恨。

另外，人处在不同的状态下，讲话时心情不同，话的内容也会不同。心情愉快的时候，看事看人也许比较符合自己的心思，故而赞誉之言可能会多；有时心情不愉快，讲起话来不免会愤世嫉俗，讲出许多过分的话，招来麻烦。

言辞不忍有百害而无一利。言多必失，话一出口，不加思考，匆忙之中妄下结论，所造成的影响，是再用几百句、几千句话也弥补不了，修正不了的。一言既出，驷马难追啊！

言辞之忍，一是要少说话，多听听他人的意见和主张，虚心向有才能的人学习，才能以人之长补己之短；二是讲话要慎重，不要妄发言论，信口雌黄，让人觉得你不知天高地厚；三是讲话要注意时间、地点、场合和讲话的对象，不要不管三七二十一，炫耀自己在某一方面有学识有见解，或是比别人知道他人的隐私多，乱发议论，这样会伤害别人的自尊心，也会影响人际交往；四是要注意讲话内容的选择，该讲的则讲，不该讲的不要到处乱讲。这就是言辞之忍的内涵和要则。

贺氏父子多言致祸

南北朝时，贺若敦为晋的大将，自以为功高才大，不甘心居于同僚们之下，看到别人做了大将军，唯独自己没有被晋升，心中十分不服气，口中多

第五章 与人为善：言辞有道积家德

有抱怨之辞，决心好好干一场。

不久，湘州告急，他奉调渡江援救，打了个胜仗之后，全军凯旋，这应该算是为国家又立了一大功吧，他自以为此次必然要受到封赏，不料由于种种原因，反而被撤掉了原来的职务，为此他大为不满，对传令史大发怨言。

晋公宇文护听了以后，十分震怒，把他从中州刺史任上调回来，迫使他自杀。临死之前他对儿子贺若弼说："我有志平定江南，为国效力，而今未能实现，你一定要继承我的遗志，我是因为这舌头才把命丢了，这个教训你不能不记住呀！"说完了，便拿起锥子，狠狠地刺破了儿子的舌头，想让他记住这血的教训。

光阴似箭，斗转星移，转眼几十年过去了，贺若弼也做了隋朝的右领大将军，他没有记住父亲的教训，常常为自己的官位比他人低而怨声不断，自认为当个宰相也是应该的。不久，还不如他的杨素却做了尚书右仆射，而他仍为将军，未被提拔，他气不打一处来，不满的情绪和怨言便时常流露出来。

后来一些话传到皇帝耳朵里，贺若弼被逮捕入狱。皇帝杨坚责备他说："你这个人有三太猛：嫉妒心太猛；自以为是，自以为别人不是的心太猛；随口胡说，目无长官的心太猛。"因为他有功，不久也就放了。他还不吸取教训，又对其他人夸耀他和皇太子的关系，说："皇太子杨勇跟我之间，情谊亲切，连高度的机密，也都对我附耳相告，言无不尽。"

后来杨勇在隋文帝那里失势，杨广取而代之为皇太子，贺若弼的处境可想而知。

隋文帝得知他又在那里大放厥词，就把他召来说："我用高颍、杨素为宰相，你多次在众人面前放肆地说：'这两个人只会吃饭，什么也不会干，这是什么意思？'言外之意，我皇帝也是废物不成？"贺回答说："高颍是我的老朋友，杨素是我舅舅的儿子，我了解他们，我也确实说过他们不适合担当宰相的话。"这时因他言语不慎，得罪不少人，朝中一些公卿大臣怕受株连，都揭发他过去说的那些对朝廷不满的话，并声称他罪当处死。

隋文帝对贺若弼说："大臣们对你都非常厌烦，要求严格执行法度，你自己寻思可有活命的道理？"贺若弼辩解说："我曾凭陛下神威，率8000兵渡长江活捉了陈叔宝，希望能看在过去功劳的分上，给我留条活命吧！"隋文帝说："你将出征陈国时，对高颎说：'陈叔宝被削平，问题是我们这些功臣会不会飞鸟尽，良弓藏？'高颎对你说：'我向你保证，皇上绝对不会这样。'是吧？等到消灭了陈叔宝，你就要求当内史，又要求当仆射。这一切功劳过去我已格外重赏了，何必再提呢？"贺若弼说："我确实蒙受陛下格外的重赏，今天还希望格外的赏我活命。"此时他再也不攻击别人了。隋文帝考虑了一些日子，念他劳苦功高，只把他的官职撤销了。

晏子巧言护国

言辞既能招灾惹祸，也能安邦安国。作为雄辩家的晏婴，以自己的语言才能，维护了国家的荣誉，不辱使命。

晏婴，春秋时齐国人，身材短小，相貌丑陋，但能言善辩，反应敏捷。齐灵公二十六年，晏婴的父亲晏弱死后，他以齐国大夫的身份，继承父位，担任齐国国卿。

有一次，晏婴奉齐国王命出使楚国。当时楚国比齐国强大，晏婴身材矮小，其貌不扬，楚国根本没有把他这个齐国使者放在眼里，决定想个办法让晏婴当众出丑，以此羞辱齐国。楚王根据晏婴身材特点，命在迎接宾客的宫殿正门附近，开设一个常人难以进入的小门，让晏婴从这里进入楚王宫殿。

晏婴驾驶马车来到楚王宫殿前，看见这特殊的小门，又好气又好笑，想不到楚王会用这样低劣的方式迎接使者。楚王随从迎着晏婴说道："晏大使，我王在殿内恭候多时。"说着领晏婴向小门走去。

晏婴不动声色，装着没有听见楚王随从的话，径直往楚王宫殿正门走去，守门的士卒们挡住晏婴，不准他进去。晏婴停下来，大声说道："出使狗国的人才会从狗门进入，现在我是出使楚国还是出使狗国呢？"守卫士兵回答："当然是楚国！""既然是楚国，怎么能不走大门呢？"卫士们无言以对，晏婴扬扬得意进了大门，去见楚王。

言辞的机智体现了说话者思维的机敏，出使狗国走狗门的见解虽然多少有一点耍嘴皮子的嫌疑，但毕竟在这个回合中战胜了对手。

在晏婴面前出了丑，楚王很不甘心，顾不得外交礼仪和大国风度，当面羞辱晏婴说："堂堂的一个齐国，怎么会派你这样的小矮子来出访我国呢？

看来齐国没有更好的人才了。"楚王傲慢地说着。

晏婴盯着楚王，说道："我们齐国派使者出访有个规矩，那就是，有贤才的人出使上等国家，没有才能的人出使下等国家；大人出使大国，小人出使小国。我是小人，又没有才能，所以齐国派我到你们楚国访问。"晏婴巧妙地把楚国贬得一文不值。楚王十分尴尬，觉得晏婴虽然矮小，却智力非凡，难以对付。

楚王没有自知之明，仍然想找机会挫伤晏婴以挽回面子。他绞尽脑汁，又想出了一条妙计。

第二天，楚王故意在宫殿前厅陪着晏婴说话。突然，几个威武的士兵，推推搡搡，押着一个犯人穿过前厅，走过楚王面前。楚王故意命令将犯人押上，亲自查问。

楚王大声怒斥："大胆贼人，你做了什么坏事，从实招来。"犯人战战兢兢，十分害怕，回答说："大王，我该死，偷了人家的东西。"楚王稍稍停了一下。问道："家住哪里?""我是齐国人。"说着犯人低下了头。听了此话，楚王异样地瞅了晏婴一眼，说道："晏大使，你们齐国盗贼可真多啊，甚至跑到楚国来啦!"晏婴冷冷地观察这一切，知道这又是楚王羞辱齐国的计谋，便针锋相对地答道："淮南有一种橘树，把它移到淮北，就变成枳树，虽然长得很像，但里面的果实已大不一样了。为什么会这样呢? 那是由于各地水土不同，才会产生变化。这个齐国人，在本国不偷不摸，很守本分；到了楚国就胡作非为，大偷特偷起来，这大概是受楚国环境熏染的结果吧。"

楚王一连几次出了丑，对晏婴心悦诚服，改变了对他的态度，开始对晏婴礼遇相待。

外交斗争中一个又一个回合下来，没有严密的逻辑思维和幽默风趣的言辞是很难取胜的，有时候也难免让人觉得有些故作高深，强词夺理，耍小聪明，斗嘴皮子，这也是言辞之忍的一个侧面，看似不忍，实际上是高层次的忍。如果晏婴一言不发，那根本就无法完成出使的重任，而徒受其辱。

好言一句三冬暖

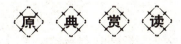

【原文】

与人善言，暖于布帛；伤人以言，深于矛戟。

——《荀子·荣辱》

【译文】

用好话来赞美别人，比用布帛盖在身上更让人温暖；用言语伤害人，比用矛戟伤害别人还要厉害。

家规心得

俗话说，好言一句三冬暖，恶言一句六月寒。不同的话语，将给人带来不同的心情和感受。好话让人心生温暖，恶语让人胆战心寒。

曾有这么一个小故事，是关于清代大才子纪晓岚的。

有一次，他同僚的母亲过生日，大家都前去拜寿，场面非常热闹。当然，热闹之余，免不了作诗来庆贺。当时，大家首推纪晓岚来作诗，他开口便道"这个婆娘不是人"，大家异常惊讶，就连主人也惊呆了，谁也不知道纪晓岚怎么说出这样的话。

"九天仙女下凡尘"，他的第二句出来了。听到第二句，大家终于松了口气，都点头称好。"儿孙个个都是贼"第三句刚一出口，大家的笑容都僵在脸上了，那位妇人的儿子们脸色都很难看。"偷来蟠桃献母亲"，此话一出，皆大欢喜。

其实，我们从这个故事中就可以看到，一句好听的话跟一句难听的话，人们的感受差异之大。虽然我们学不会纪晓岚那样高超的说话技巧，但是我们也可以嘴上抹蜜，多说好话、客气话，少说不好听的话、没礼貌的话。

第五章 与人为善：言辞有道积家德

人人都愿意听好听的话。所以，要想与人关系融洽，虽没必要阿谀奉承，但说出来的话也要让人听了入耳，这样你的人缘才会好，人气才会提升。

家风故事

蔡乃煌妙语称颂

清末，有一个官员名叫蔡乃煌，小有才气，最擅长"诗钟"。

诗钟是中国古代的一种文艺活动，活动的规则是，在规定的很短时间内，作出一副七言对联，并要求在每一句的规定位置要用抽签决定出来的字。

由于涉嫌贪污案，蔡乃煌被免除了职务，但是，他一直都在活动，希望能官复原职。很快，他就托了朋友，想搭上袁世凯、张之洞的线。

那时候，袁世凯、张之洞刚刚用计除掉了政敌瞿鸿机、岑春萱，可谓是大权在握、春风得意的时候。有一天，听朋友说庆亲王、袁世凯、张之洞等人在某饭店玩诗钟游戏，蔡乃煌就急忙赶了过去。

那一天，大家抽出来"蛟""断"二字。活动主持人决定把这两个字用在每一句的第四字位置上。

当众人还在构思的时候，只听得蔡乃煌已经吟诵道："斩虎除蛟三害去，房谋杜断两心同。"

大家齐声叫好。上联用"周处除三害"的典故，隐喻除掉瞿、岑两大政敌。庆亲王与袁世凯听了，都觉得是在颂扬自己。下联用了唐初贤相房玄龄、杜如晦的典故，实质上是要称颂袁世凯与张之洞。张之洞听后也很是得意。

蔡乃煌所作之"诗钟"，其字面上一句戴高帽的话都没有，而事实上，这无疑是最高明的称颂。

就这样，蔡乃煌赢得了当权实力派人物的欢心，不久就官复原职。

赞扬人也是一种艺术，不但需要合适的方式加以表达，而且还要有洞察力和创造性。

美言可以获得尊重

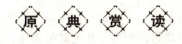

【原文】

美言可以市尊，美行可以加人。

——《老子·六十二章》

【译文】

美好的言谈可以获得尊重，美好的行为可以被人看重。

家规心得

俗话说"好胳膊好腿，不如一张好嘴"，说的就是口才的重要性。在古代，一个口才好的人，能凭借三寸不烂之舌击退百万雄师，比如烛之武，他就是靠着自己的能言善辩，使秦国心甘情愿地退兵；还有蔺相如、苏秦、张仪，他们也是凭借好口才，化被动为主动，化干戈为玉帛，最终赢得世人的尊重和敬佩。

在今天这个竞争激烈的社会中，拥有良好的口才也往往能达到事半功倍的效果，获得意想不到的成功。我们经常看到这种现象：有的人要知识有知识，要文凭有文凭，要技术有技术，工作很出色，专业水平也很好，可就是当众讲话结结巴巴，见到陌生人就拘谨慌张，开会时思维混乱、词不达意，跟领导汇报工作时语无伦次，结果走到哪儿都不受欢迎，更别说成功了。相反，一些人能力不强，文凭也不高，可就是能凭着三寸不烂之舌而大获成功。

同样一件事，有的人因会说话而大获成功，有的人却因口拙而遭到失败。由此可见，不善言谈和不善表达的人，不管在何时何地，都不会轻松地得到器重和赏识；相反，好口才的人就可以轻松赢得好人缘、好机遇、好未来和好运气。由此可见，好口才对一个人真的很重要。从某一方面来说，好口才是成功天平上的一个最重要的砝码，在很多情况下，成功是靠说出来的。

家 风 故 事

姬行父一语解父危

姬行父是鲁国相国季友的儿子。他自幼喜读史书，并爱舞枪弄棒，甚讨季友喜爱。季友常对人言："犬子喜文爱武，气度不凡，将来准能成为国家的有用人才！"所以，当姬行父长到七八岁时，季友行军作战，常将他带在军营之中。

公元前 660 年，鲁国庆父刺杀鲁闵公，篡位自立。季友知道后，急忙和公子申避难郑国。庆父篡位后，国人不容，纷纷聚集声讨，于是鲁国大乱。庆父害怕，带着珠宝财物，连夜逃往莒国。莒国国君见庆父带来那么多财物以求安身，当即同意了。然而，当莒国国君拿走财物之后，又以国小为由，将庆父驱逐出境。在此期间，齐桓公见鲁国无君，遂派上卿高侯率军三千，将公子申迎回鲁国即位，这就是鲁僖公。鲁僖公即位后，复封季友为相国。季友在鲁国一向足智多谋，很得国人敬服。他为相后，出榜安民，国家很快又稳定下来。

庆父被莒国驱逐后，没有地方安身，就托人给僖公带信，说只要让他回国，愿终生为民。

僖公见他说得可怜，刚要表示同意，季友说："弑君之贼不诛，其患无穷。"

僖公一想，季友言之有理，便没有同意接纳。庆父知道后，自知无路可走，便在汶水自杀。

莒国国君听说庆父自杀，认为是由于他没有接纳庆父的结果，自以为为鲁国除了一害，于是派他的弟弟赢孥领兵去鲁，居功索要财物。

季友见莒国如此相欺，不由得大怒，主动请求带兵迎敌。临出战前，僖公将腰间佩带的宝刀赠给季友，并对他说："这是祖传宝刀，名叫'孟劳'。

虽然长不满尺，却锋利无比，现请叔父(因僖公是季友同母哥哥庄公的儿子)带上，以备上阵急用。"

季友出战，来至阵前，刚要对敌，他的儿子姬行父对他说："杀鸡岂可用牛刀，让我先去擒贼！"

季友说："嬴挐力大无比，武艺高超，你尚年幼，不是对手。况且，鲁国刚立新君，局势尚未安定，今如战而不胜，人心就要动摇，所以，必须由我出阵。"

姬行父说："我听人言，嬴挐为一鲁夫，有勇无谋，父亲出战，只宜智取，不可力敌。"

季友出阵后，根据儿子的建议，见嬴挐粗大笨拙，便以言语相激道："我久闻公子力大善搏，很想领教真假，咱们能否都放下兵器，徒手决一胜败？"

嬴挐见季友身小体弱，不堪一击，就痛快地答应了。于是，两人徒手对打，一来一往，战将起来。约有五十个回合，嬴挐虽然笨拙，毕竟粗壮，越战越勇。季友虽然灵活，但体力太弱，渐不能支。

紧急关头，姬行父见父亲难以取胜，脱口大喊一声："'孟劳'何在?"

嬴挐听了，不觉一愣，没有听清姬行父喊的什么。季友一听，猛然醒悟，故意卖个破绽，让嬴挐赶前一步；季友略一转身，从腰间拔出"孟劳"，刷地回手一刀，便将嬴挐连眉带额削去一半，嬴挐当即倒地而死。莒军见主帅已死，不再交锋，各自逃命而去。

姬行父急中生智，大喊一声，使季友转败为胜，深受僖公称赞。当时，姬行父年仅8岁。

133

第五章——与人为善：言辞有道积家德

识不逾人莫言断

【原文】

识不逾人者，莫言断也。

——《止学》

【译文】

见识不能超过别人，不要说判断的话。

家规心得

好为人师、轻下断言，是不少人的一大毛病。过度的自信和轻视别人，也是很多人的受挫之因。而真正的有识者，他们知道识无止境的道理，更把它贯彻到实际中去，所以能出言谨慎，不冲动行事。错误的判断往往是致命的，在这一错误理念支配下的行动所造成的后果，常是无法挽回的灾难。在这一点上，如果能自省谦逊，善听人言，不固执己见，许多大的损失就可避免了。

家风故事

兀术的醒悟

南宋高宗时，金兵大将兀术领兵进犯中原。岳飞统兵和兀术血战，兀术十分惧怕，以岳飞为患。

兀术十分自信，人又极为粗鲁。他不甘心屡败岳飞之手，于是策划再一次进攻。兀术手下的一名将官多有智谋，此人乃书生出身，但颇通兵法，善窥人心。这时他便对兀术说："岳飞其势正酣，深得民心，此时不可与之交锋。大人可静观时变，以待时机。"

兀术暴躁之下，斥责他说："我军一路势如破竹，唯岳飞强悍。岳飞一日不除，终是我大金巨患，无论如何也要打败他。"

兀术贸然进兵，结果被岳飞打得大败，兀术更加痛恨岳飞。

岳飞为了扩大战果，心生一计。他知道兀术和伪齐皇帝刘豫多有仇怨，于是用反间计来动摇他们。岳飞抓到兀术的密探，假装责备他说："你是军中的张斌，我从前派你到刘豫处约定共杀兀术，怎么此时方还呢？"

密探将错就错，胡乱回答。岳飞点头示信，又说："我已另派人和刘豫联络，他已答应共杀兀术，诱他来攻。你回去时再将我的密信带上，催他速速行事。"

密探回至金营，忙将此事报告兀术，兀术一听即怒，便要发兵进攻刘豫。那位书生将官连忙上前说："大人且慢。自古以来行反间计者多矣，岳飞此举太让人生疑。刘豫虽和大人不睦，却也未必冒着天大的危险和岳飞勾结，这于理不通啊！如今战势正紧，倚靠刘豫好处很多，大人何以听人一言，就要贸然行事呢？"

兀术冷声纵笑，说："汉人非我族类，其心必异，刘豫见我兵败，倒戈相击，以邀其宠，这有何不通之处？我早料到会有此节，从前只是没有证据罢了，这回我是不会饶恕他了。"

书生将官苦谏不止，兀术就是不听，无奈之下，书生将官只好说："此事甚大，大人不该擅作主张，还是要报告皇上知晓。"

兀术派骑兵飞驰报知金主，随后把刘豫废掉了。

兀术自剪羽翼，却颇为自得。而岳飞计谋成功，于是进兵更速。他先后收复了很多地方，又打败了兀术的"拐子马"精兵，大军进入朱仙镇，距汴京只有四十五里了。

连连惨败，令兀术不得不自省了。他找来那个书生将官说："我不听你的谏言，只怪我无知啊！如今岳飞兵强马壮，汴京危在旦夕，还请你不吝赐教。"

书生将官十分感动，诚恳道："大人如此自责，在下愧不敢当。所谓胜败乃兵家之常，大人切勿丧失信心。"

第五章——与人为善：言辞有道积家德

兀术一脸灰败，低声说："事已至此，我军只能撤出汴京了。我虽不愿，又有何为？"书生将官闻言忙道："万万不可啊，事情不到紧急关头，大人还是镇静从事。否则前功尽弃，大人的英明也荡然无存了。"

岳飞召集两河地区的英雄豪杰，父老百姓也纷纷慰问宋军。兀术见之心慌，遂骑马带兵要逃离汴京。那个书生将官越众而出，拉住兀术的马不放，哭着说："我料定岳飞大军不久自退，大人何必自毁言弃呢？"

兀术亦是流泪说："岳飞以五百骑兵竟将我的十万大军击败，岂非天意？此时不走，只怕我命丧于此，更无雪耻之日了。"

书生将官收住眼泪，正声道："权臣在朝掌权，而大将能在外立功的，自古以来就绝无此事。岳飞功高震主，权臣嫉恨，他自身都将不保，何能全功呢？大人稍待即可啊！"

兀术痛定思痛，此时对书生将官的话言听计从，于是坚守汴京。不久，岳飞果然被十二道金牌召回朝中，又被奸臣秦桧害死。

势不及人休言讳

【原文】

势不及人者，休言讳也。

——《止学》

【译文】

势力弱于别人的人，不要说忌讳的话。

家规心得

很多人会在不知不觉中冒犯有权势的人。如果说坚持正义而故意为之，这无可厚非，但因无心之失而招惹麻烦、自树强敌，就该深刻检讨了。有权势的人是讳颇多，身为弱者，和他们打交道尤当小心谨慎。纵使和有权势者曾是密友故旧，乃至亲人，也不能随兴而发。要知有权势者的虚荣心极强，他们的承受力也极为脆弱，惹恼了他们，对自己终不是件好事。

家风故事

不问政务的李元忠

北魏孝庄帝在位时，李元忠为南赵郡太守。他见时局动荡，权臣在朝，索性喝酒不止，每日皆醉。

有人见他不问政务，行为不检，就公开指责他说："你身为朝廷命官，不知上报皇恩、下抚百姓，枉有君子之名了，君子就是你这个样子吗？"

李元忠对责问他的人一概不理。他在任上没什么政绩，却也保全下来，没有受到朝中权臣的伤害。

孝庄帝被尔朱兆囚禁杀害后，李元忠见天下将乱，于是放弃官职，暗中谋划讨逆大事。不久，晋州刺史高欢出兵讨伐。李元忠闻知，便坐着无棚车，提着一壶酒前去拜见高欢。高欢没有立即接见他，李元忠就对守门的兵丁说："你们大人如要招揽贤才，当有周公吐哺之心，他迟迟不肯见我，他的为人就可想而知了。请把我的名帖还我，我不想见他了。"

兵丁告知高欢，高欢动容，急忙召见。李元忠见高欢设下酒宴，于是开口说："大人出兵讨逆，可否容我一吐谏言？"

高欢自度李元忠不是寻常之辈，于是诚恳请教说："先生助我，但讲无妨。"

李元忠献上合纵连横之计，又为他分析时局，精心谋划，高欢听得连声叫好，最后竟一把拉住他的手说："先生高见，只恨相交甚晚呐，有先生高人在侧，大事必成了。"

李元忠随高欢征战，令朱兆等人一败涂地，高欢于是控制了朝中大权。他论功行赏，对李元忠特别优待，让他当了侍中的高官，平日和他十分亲密，与众不同。

身处高位的李元忠又不问政事了，他天天喝酒，见了高欢也恭谨多礼，

第五章 与人为善：言辞有道积家德

以至让高欢见之陌生。一次，高欢召他议事，随口笑着对他说道："你我亲密无间，无须顾忌，难道你还怕我不成？"

李元忠只说："朝廷礼度，岂可因私而废？万望大人海涵。"

有人托李元忠向高欢求官。李元忠一概不应，他们便怪他说："你和丞相私交深厚，这点小事丞相一定会答应的。你一口回绝，难道一点人情也没有了？"

李元忠任人责骂，私下却对家人说："外人不知我心，难怪他们怨恨我了。高欢外表宽厚，其心多疑，性情粗暴，哪里是别人所能识破的呢？现在他高高在上，自又不同往日，我若为人求官，无有恭敬，当是犯了他的大忌，迟早他会翻脸无情的。我不问政事，游玩无度，也是在解除他的疑心呐。"

高欢见他这样，内心十分满意和放心。他打算任命李元忠为尚书仆射，高欢的儿子高澄十分不解，他列举了李元忠喝酒、好色、游玩之事，力劝不可，高欢听罢大笑，遂道："李元忠若不这样明理知事，为父第一个就要除掉他了。此人智谋过人，深谙性情伦常，他既知我在先，我也要让他逍遥在后，算是对他的奖赏吧！"

攻人之恶毋太严

【原文】

攻人之恶毋太严，要思其堪受。

——《菜根谭》

【译文】

批评别人的缺点错误不要太严厉，要考虑让别人能够接受。

家规心得

你的亲人，你的朋友，你的同事，你周围的人，如果有缺点，或者犯了过失，作为一个真诚的朋友，你不能沉默不语，更不能迁就附和。孟子说过"不孝有三"，其中第一条就是："阿意曲从，陷亲不义。"用今天的白话来说，就是见到父母有过错却一味曲意顺从，不加劝说，让他们陷入不义之地。父母有过，不指出乃是最大的不孝。可见指正他人，使他们避免犯错误乃是朋友应有的责任。然而，如何进行批评却是很有讲究的。

向别人指出其缺点错误的时候，一定要注意方式方法，以及自己的态度，不能盛气凌人，用居高临下的态度加以呵斥，一定要给对方面子，想到人家是否能够接受。

最好的办法，是通过自己的行动给别人树立榜样，无言的提醒，有时效果更好。

言语的批评，身教的榜样，往往能够达到意想不到的效果。如果遇到用暗示的方式不起作用的人，不得不用言语指出的时候，就要注意时间和场合，不要在大庭广众的场合当面指斥，也不要在对方情绪激动的时候进行批评。有不少人把面子看得比什么都重，一旦觉得面子下不来，那么，他很可能选择坚持错误，批评的效果就适得其反了。批评的时候，口气要尽量和缓，不要责之过严，要让对方能够接受。

家风故事

触龙情动赵太后

战国时期，赵太后新掌权，秦国便加紧对赵国的猛烈进攻。赵国不支，便向齐国求救，而齐国出兵的条件是必须以长安君作为人质。赵太后不同意，大臣极力劝谏无效。太后态度强硬，明确告诉左右："有再说让长安君做人质的，我一定朝他的脸上吐唾沫。"

左师触龙说希望谒见太后，已知触龙来意的赵太后怒容满面地等着他。触龙进来后缓步走向太后，到了跟前便请罪说："老臣脚有疾病，已经丧失了快跑的能力，好久没能来谒见太后了，虽然私下里原谅自己，可还是怕太后玉体偶有欠安，所以很想来看看太后。"

太后说："我行动全靠手推车。"

触龙说："那每天的饮食该不会减少吧？"

太后说："就靠喝点粥罢了。"

触龙说："老臣现在胃口也很不好，所以自己坚持着步行，每天走三四里，这样稍微能增进一点食欲，对身体也能有所调剂。"

太后说："我可做不到。"聊到这里，太后的脸色稍微和缓些了。

触龙说："老臣的劣子舒祺，年纪最小，不成才。臣老了，偏偏最爱怜他。希望能派他到侍卫队里凑个数，来保卫王宫。因此冒死向您禀告这件事情。"

太后说："一定答应，他年纪多大了？"

触龙回答说："15 岁了。虽然还小，希望在老臣没死的时候先拜托给太后。"

太后问："做父亲的也爱怜他的小儿子吗？"

触龙回答说："比做母亲的更爱。"

太后笑道："妇道人家特别喜爱小儿子。"

触龙回答说："老臣个人的看法，老太后爱女儿燕后，要胜过长安君。"

太后说："您错了，比不上对长安君。"

触龙说："父母爱子女，就要为他们考虑得深远一点。老太后送燕后出嫁的时候，抱着她的脚为她哭泣，是想到可怜她要远去，也是够伤心的了。送走以后，并不是不想念她，每逢祭祀一定为她祈祷，祈祷说：'一定别让她回来啊！'难道不是从长远考虑，希望她有了子孙可以代代相继在燕国为王吗？"

太后说："是这样。"

触龙说："从现在往上数三世，到赵氏建立赵国的时候，赵国君主的子孙凡被封侯的，他们的后代还有能继承爵位的吗？"

太后回答说："没有。"

触龙继而说道："不只是赵国，其他诸侯国的子孙有吗？"

太后说："我没听说过。"

触龙说："这是他们近的灾祸及于自身，远的及于他们的子孙。难道是君王的子孙就一定不好吗？地位高人一等却没什么功绩，俸禄特别优厚却未尝有所操劳，而金玉珠宝却拥有很多。现在老太后给长安君以高位，把富裕肥沃的地方封给他，又赐予他大量珍宝，却不曾想到目前使他对国家做出功绩。有朝一日太后百年了，长安君在赵国凭什么使自己安身立足呢？老臣认为老太后为长安君考虑得太短浅了，所以我以为你爱他不如爱燕后。"

此时太后终于改变主意了，说："行啊。任凭你派遣他到任何地方去。"于是为长安君套马备车一百乘，到齐国去做人质，于是齐国出兵。

触龙没有一见面就直接劝谏赵太后，而是从家常开始，继而说到子女，所以很自然地就谈到长安君。谈到长安君，触龙也是从赵太后的立场来为长安君打算，言辞温和而平常，这样的劝谏当然就更容易被赵太后接受了。

带有目的的以情动人，或许有些人会认为此种做法太过于功利主义，但事实上却并非如此。怀有一定的功利目的不假，但对别人的关心就未必不真诚。若以长远的目标来衡量，此种做法能成为表现自我的有力武器，可以延续对方对自己的好感和信任。

言辞为智者所用

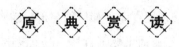

【原文】

智者讷言，讷则惑敌焉。

——《止学》

【译文】

有智慧的人话语迟钝，话语迟钝可以迷惑敌人。

家规心得

说话是一门艺术，如何说话固然重要，有话不说也极为关键。在善辩者嘴中总能寻到破绽和蛛丝马迹，善辩者注注在他们的自信中为人所乘。而智者的谋略，向来是秘而不宣的，讹言也是其谋略之一。他们制造假象，不露真容，在外表上示弱佯愚，目的就是掩饰自己，以骄其敌，从而为自己赢得更大的胜算。

家风故事

巧言收失地

与张仪并列为"合纵连横"创立者苏秦，凭着那三寸不烂之舌，最后也登上了六国的宰相宝座。苏秦在出其意外的交涉术中，有一个非常著名的故事。

燕文侯是合纵政策的后援者，当苏秦失意时，唯一能安身的地方就只有燕国一地。苏秦滞留燕国期间，有件事改变了他后来的命运，那就是苏秦的知己，同时也是合纵政策推进者燕文侯的死。文侯死后太子即位，即易王。易王的妃子是秦惠文王的母亲，因为燕和秦有这层关系，所以苏秦和易王之间就无法像文侯在位时那样平静。

这时，燕国也刚巧发生一件大事。齐宣王趁着燕国国丧，动员侵燕，夺下数十城池。易王接到消息，立刻招来苏秦："先生刚来燕国时，先王曾派你出使齐国，成功地促成六国合纵，然而今日齐国背弃盟约，先前不但攻击赵国，现在居然向我燕国出兵，若任其如此胡作非为，那我燕国岂不成为天下之笑柄。当时促合六国同盟的是先生您，现在无论如何请您走一趟齐国，希望齐国能将掠夺的土地归还我国。"易王的话虽然很自私，但也没错，当时种下这个果的是苏秦，所以他有责任去要回失去的土地。苏秦到底要用什么代价去换回土地，这真是件困难的交涉，他到底打算要用什么方式去说服宣王呢？苏秦来到宣王面前"俯首以庆，仰首以吊"。所谓"俯首以庆"，是指苏秦向宣王祝贺"由于这场战争，使得齐国的领土又扩大了，真是值得贺喜"。"仰首以吊"是指苏秦慢慢地低下头说："然而齐国的命脉将从此断绝。"这祝贺、哀悼，一前一后接踵而至，齐宣王一时也糊涂了。齐宣王是位明君，所以他的手下有许多类似淳于髡之类的交涉能手，因此他也一定看穿了苏秦此行的目的，并做好了应战的准备。面对这位坚强的对手，一定不能使用寻常的方法，所以苏秦接连地说了祝贺的话和哀悼的话，其目的就是要出其不意，夺取先机。

宣王不解地询问为何同时向我祝贺并哀悼，苏秦回答："大王应该听过这句话，'人纵然在垂死边缘，也不会笨到去吃乌喙(一种毒草名称)，因为吃了乌喙，只会加速死亡的速度'，燕虽然是个小国，但燕王和秦王之间有亲戚关系，如今您夺下燕国领土，则贵国今后势必与秦国成为仇敌之国。如果强秦做了燕的后盾，大举进兵齐国，那齐国不就像是垂死的人还吃乌喙是同样的道理。"宣王闻听脸色一变，心底有些担心，苏秦接着又说："自古以来的成功者都知道'转祸为福，转败为胜'这句话的道理，所以我认为宣王如果能把夺下的土地交还给燕国，是最佳的解决办法。如果把土地归还燕，燕王定会大喜，秦王也会高兴，你们便可以尽释前嫌，结为亲家。之后再找机会让燕、秦两国臣服于你，燕秦两国一旦臣服，则其他诸侯也必先后来归。今日你虚言服秦，放弃燕国那点小土地，仍是为将来的天下霸业奠基。"

从情势谈论到利害得失，完全把对方玩弄于股掌之中。苏秦这段话，不费任何代价，轻易地将领土从齐宣王手中交还给燕易王。

可行勇不可言勇

【原文】

勇者无语，语则怯行焉。

——《止学》

第五章 与人为善：言辞有道积家德

【译文】

勇敢的人并不多言，多言会使行动犹豫。

家规心得

说大话的人，并不是真正的勇敢者。他们滔滔不绝，看似无所畏惧，其实这本身便是不慎重的表现，自然不能对他们抱以厚望。勇敢者的寡言看似平静，他们的内心深处却无时无刻不蕴蓄着力量。对一切不轻易小视，对一切细心观察，这不是言语所能做到的。只有这样，他们才能在深思熟虑之后，放手行动，而不会迟疑和怯弱，如此就能获得成功了。

家风故事

有胆有识的刘平

王莽称帝时，刘平代理菑丘的县长。当时天下大乱，多有盗贼，民多遭殃。

一日，刘平为了招抚县中大盗，决定孤身一人去和大盗谈判，他的属下都力劝不可，刘平说："你们的好意我心领了，我也知道，此去实有凶险，可不这样做，百姓受苦更深。万一事情有成，百姓受惠，这远比我个人安危更为重要。"

刘平的属下中有一人愿陪刘平前往，刘平见他平日寡言少语，并不似英雄模样，于是问他说："这不是赴宴，难道你真的不怕死吗？"

那属下说："事不到危急关头，不见勇者风范。我虽不敢自称勇士，却也敬佩大人以书生之身犯险之胆。"

刘平深受震动，感言道："若无此事，我哪知你之勇呢？险些埋没了一位勇士。"

他带着那位属下去见大盗，大盗为其勇气所折服，又为他爱民之心所感动，于是投降了朝廷，菑丘县境一时匪患断绝。

百姓称赞刘平之时，有人问刘平说："你侥幸成功，以后可要小心了。盗匪穷凶极恶，你不该轻信他们。当初你赴约时，可曾想到会遭难呢？"

刘平平心静气地说："无谓冒险，我亦不为也。时下暴政民怨，民不聊生，为盗者多是被逼所致。那位大盗我已多作查访，早知其根底。我自信知己知彼，事情有成便绝非侥幸了。"

人们就此大悟，对刘平更生敬意，夸他是真正的勇者，有胆有识。

言语之前先静心

【原文】

君子宜净试冷眼，慎勿轻动刚肠。

——《菜根谭》

【译文】

君子不论遇到什么情况，都应该注意保持冷静态度细心观察，切忌随便表现自己耿直的性格，以免坏事。

家规心得

世事纷纭，人情难辨。所以，一定要谨言慎行。想要说话时，须先咽回肚里，三思而后言；想行动时，须先退而向隅，三思而后行，以免因头脑发热而说错话，做错事。

具有良好修养和丰富才学的人，常常保持清醒的头脑，所以，遇事不冲动，对一件事不是急于下结论，而是冷静思考后再处理。见人只说三分话，如果说话过多，容易暴露自己的弱点和不足，从而被人抓住把柄，加以利用，造成对己不利的形势。

有时直率的出发点是好的，但是直率注注伴随着教化、固执、生硬，这样就很容易得罪人。世道本弯，过刚必折，有时不得不委蛇而行，这也是人生的无奈。

所以，做任何事情都要保持平静的心态，切忌冲动，头脑发热，从而干出自己始料不及的蠢事。说话也不要过于直率，过于直率，很容易说出一些别人不愿听的话，甚至刺伤别人的话，从而给自己招来麻烦。

黄永年御前应变

黄永年，是宋朝徽宗年间有名的神童，曾以"御前应变"大显才华，受到宋徽宗赏识，长大入朝为官，官至别驾。

公元1100年，黄永年出生在一个书香家庭。他的祖父和父亲都喜读史书，学识渊博。黄永年天资颖悟，在祖父和父亲手不释卷的影响下，2岁学识字，背诗歌，过目不忘。到他刚刚3岁的时候，就开始模仿祖父和父亲，自学经书了。如此小的年龄读经书，是令人不敢想象的事，而黄永年却独具其能。开始，他有很多字不认识，也有很多看不懂的章句，他都随时随地向祖父和父亲请教；可后来，他怕长辈嫌烦，便一一记下来，集中向长辈询问，请他们指教。他6岁的时候，已能独立看懂《史记》《左氏春秋》等大部头著作了。这一日，父亲的几位朋友来家做客，听说黄永年6岁能读《春秋》，甚感怀疑，便将其叫来测问。其中一位友人道："《春秋》这部书，是用编年体形式写的，枯燥无味，有啥可读的？"

黄永年却一本正经地回答说："《春秋》虽为编年体史书，却记载了242年的历史。记事虽然简单，含义却极为深刻，而且是非观念评判明确。试想，如没有《春秋》，哪有后来的《左传》？"

黄永年几句话，把众人说得目瞪口呆。他们没有想到，也没有去想，自己读《春秋》十多年，甚至几十年，竟没有一个6岁的孩童概括得这么全面、这么深刻。于是，他的"神童"之名便广泛地传播开来。

公元1108年，黄永年8岁，由他的父亲带着去京城应试童子科。宋徽宗听说一个8岁的孩子竟能读透《春秋》一书，甚感惊奇，便召见了他。宋徽宗见黄永年生得皮肤白皙，聪慧机灵，心下甚喜，便很亲切地和他一起吟起《诗经·小雅》里的《天宝》篇来。这是一首请求上天保佑多寿多福的诗，最后一章的六句是：如月之恒，如日之升。如南山之寿，不骞不崩，如松柏之茂，无不尔或承。

诗中的"骞"，就是亏损的意思，"崩"就是崩溃、垮台的意思。在封建王朝，皇帝的"死"称"崩"，因此，这个字在皇帝面前是不能念出口的。徽宗一时高兴，没有想到这个忌讳，顺口念了出来。但黄永年很敏锐，把"不骞不崩"一句，顺口改成了"不骞不坠"。"坠"与"崩"的意思相同，既没有改变诗的意思，又避免了在皇帝面前念"崩"的罪过。宋徽宗一时没有反应过来，以为他念错了，便问他说："原文是'不骞不崩'，你怎么会念成'不骞不坠'了?"

黄永年笑着回答说："诗人之言(指《天宝》诗)不识忌讳，臣怎敢再重复呢?"

徽宗听了，这才明白过来，更是惊喜，于是命黄永年逐个与朝官相见。众臣见黄永年如此机警聪慧，善于应变，都很佩服他的才华，因此对他都很客气，见其来拜，接待也很热情。后宫嫔妃听说这件事后，也都喜欢见他，并竞相赏给他各种礼物。

黄永年考中童子科后，更加如饥似渴地读书。后来，终以精通五经考中进士，从而走上了仕途。

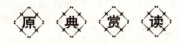

勿把心事全说出

◇原◇典◇赏◇读◇

【原文】

口乃心之门，守口不密，泄尽真机；意乃心之足，防意不严，走尽邪蹊。

——《菜根谭》

第五章 与人为善：言辞有道积家德

【译文】

口是心的大门，如果不能管好自己的口，那么就会泄露很多机密；意是心的双足，如果防范得不够严谨，那么就会走上邪路。

家 规 心 得

"逢人且说三分话，未可全抛一片心"，嘴巴好比是心的大门，如果不能守口如瓶，必然会泄露心中的秘密；意志好比是心的腿脚，如果意志不坚定，就有可能走上邪路。每个人都有自己的隐私，不愿人知；每个人都有自己的想法，人知不妙。俗语说："祸从口出，言多必失。"言语谨慎对一个人立身处世具有深刻的意义，花开得太盛则败，不恰当的话说得太多则会招致祸患。守口如瓶，保持沉默，不妄言，不乱语，才能够取得别人的信任。与人和谐相处，才能远离祸患，顺利地走向成功。

家 风 故 事

杀猪匠与剃头匠

从前有两个好朋友，一个是剃头匠，一个是杀猪匠，剃头匠常赶转角场以剃头为生，杀猪匠以帮杀行专门杀猪为业。

一天傍晚，他俩在晋州县城偶尔相遇，二人十分高兴，一同进戏院看完大戏出来走进一条小街道，夜深人静，街上很少行人，二人并肩慢行，杀猪匠觉得肚子有点饿了，提出二人进酒馆打平伙喝酒，剃头匠有点吝惜推辞，杀猪匠说："男子汉大丈夫，世上找钱世上用，今晚我办招待。"剃头匠说："你小看我没酒钱？大不了明天我多削几个脑壳。"杀猪匠接着说："对的，今晚上我半夜就起来，白刀子进，红刀子出，多杀几个就是了。"

这时恰好迎面来一个打更匠，只听到他俩后半节的谈话，被吓得全身起鸡皮疙瘩，立即跑进县衙报官。恰好三天前深夜，县城南街一家小店被盗，全家老小四口被杀，惨不忍睹，查无踪迹。那打更匠向县太爷禀报说："那二人边走边商量，我听得清清楚楚，他一个说明多削几个脑壳。另一个说今晚半夜起来，白刀子进，红刀子出多杀几个。然后那二贼人就进了酒馆。"

县令听得心惊肉跳，心想：三天前的盗窃灭门杀人案有线索了，于是急命促拿"江洋大盗""杀人魔王。"并挑选一班武功高强的和衙役，手持利刃，不声不响地从街两头向中间收缩，冲进酒馆把正在喝酒吃肉的剃头匠、杀猪匠拿下连夜升堂审案，先打后问。县令道："你这两个十恶不赦的江洋大盗、杀人魔王，长期以来杀过多少人，以及三天前南街入室行盗、杀害全家四人的经过如实招来！"这二人被问得丈二和尚摸不着头脑，吓得魂飞魄散，大喊冤枉。接着大刑侍候，夹棍、老虎凳、烙铁等受尽酷刑至死不招。最后县令问剃头匠"明天你在县城要削哪些人的脑壳？"剃头匠老老实实地回答："只要是前来请我削脑壳的，来多少，我削多少，越多越好。"县令将惊堂木一拍喝道："混账！狗东西，天底下哪有自愿让别人把自己脑壳削掉的？"剃头匠摆了一会才反应过来说："削脑壳，是我们剃头行业人开玩笑的一句行话。"杀猪匠也急忙申明，自己是个杀猪匠，常常半夜起来，白刀子进，红刀子出，杀的猪无数个，但从来没杀过人。县令恍然大悟，将他二人去掉刑县收监，第二天派差人去其原籍查证，结果这两"江洋大盗""杀人魔王"实属良民，无罪释放。他二人因说话戏言，令人生疑，招来一场九死一生之灾，只好自认倒霉。

言语应清晰舒缓

【原文】

凡道字，重且舒，勿急疾，勿模糊。彼说长，此说短，不关己，莫闲管。

——《弟子规》

【译文】

谈吐说话要稳重而且舒畅，不要说得太快、太急，或者说得

第五章｜与人为善：言辞有道积家德

字句模糊不清，让人听得不清楚或会错意。遇到别人谈论其他人的是非好坏时，如果与己无关就不要多管闲事。

家 规 心 得

养成良好的说话习惯，是与别人成功交流的前提。一个让人舒服的语调是良好说话习惯的最为关键的因素。无论你谈论什么样的话题，都应保持语调与内容相配合，切忌语调内容脱节和跑题。你说话的语调能反映出你究竟是优柔寡断、自卑、充满敌意的人，还是诚实、自信、坦率以及尊重他人的人。

语调还可以直接反映出你的内心世界，包括你的情感和处事态度。当你处于生气、惊愕、怀疑、激动等各种情绪波动时，你的语调也一定不自然。因此，要想有令人舒服的说话语调，就要从以下几个方面做起：

1.注意音量

语言是人与人之间互相交流的工具，声音的大小与是否有威慑力完全是两回事。有些人可能觉得只有大喊大叫，把自己的音量提得很高就一定能说服和压制他人，这是很幼稚的想法。很多时候，声音过大只能迫使他人不愿听你讲话而讨厌你说话的声音。每个人说话的声音大小有其范围，你所需要的，是找到一种最适合自己的音量。

2.注意发音

我们所说出的每一个词、每一句话都由一个个最基本的语音单位组成，然后加上适当的重音和调整，连成一句话。想要把话说得清楚，只有清晰地发出每一个音节。

3.注意语速

在和别人的交流中，讲话的快慢将不同程度地影响你向他人传递信息。如果速度快了，会给人一种浮躁的感觉，但如果太慢，又会给人一种迟钝或过于谨慎的印象。因此，要尽量保持恰当的语速，不要太快，也不要太慢，并在说话时不断调整。当你想和别人交谈时，选择合适的速度，以引起他人的注意。在任何情况下都不能吞吞吐吐。如果这样，你除了被冠以"思维迟钝"之外，也许还会被认为是个傻瓜。偶尔停顿无关紧要，但不要在停顿时加上"嗯""啊"这类不起任何作用的字。

4.平衡音调

每个人的音调是不同的，有的人声音很高亢，有的人声音很低沉，有的人声音很清脆，有的人声音很浑厚。说话的时候，你必须学会控制自己的态度。有的时候，当我们想使自己的话题引起他人兴趣时，就必须要提高自己说话时的音调。有时为了获得一种特殊的表达效果，又会故意降低音调。但在大多数情况下，应该在自身音调的上下限之间找到一种适合自己形象的音调，并以一贯之。

5.讲话时充满热情

说话时，如果你的声音响亮而有激情，那就会给别人以充满活力的良好印象。当你向某人传递信息或者劝说他人时，这一点有着重大的影响力。当你讲话时，你的情绪、表情同你说话的内容一样，都会带动和感染你的听众，让他们对你产生好感或者反感。

6.不用鼻音说话

说话带有浓重的鼻音，是非常不好的习惯，因为当你用鼻腔说话时，发出的声音会让听者觉得十分难受。在日常生活中，我们常会听到一些"哼哼……嗯嗯……"的发音，这就是所谓的鼻音。有一些人会将"嗯哼"这种鼻音当作一种时髦的说话方式，但如果你想让自己所说的话更具吸引力和说服力，或者期望自己的语言更富有魅力，就尽量少用甚至不用鼻音说话。

7.注意说话时的节奏感

节奏感，是指在说话时由于不断发音与停顿而形成的强、弱有序和周期性的变化。在日常生活中，很多人根本不考虑什么是说话的节奏感。而说话时不断改变节奏以避免单调乏味是相当重要的。人们容易认为，诗歌与散文的节奏有很大差别，其实两者的相对区别在于一种规则与不规则的重读上。诗歌具有规则的可把握的重音，散文的形式则是不规则的。人们处于一种压力之下时，便不由自主地使用一种比散文更自由的节奏讲话。所以，说话时的节奏至关重要，它同样也能体现出你对对方的态度和真诚。

解缙妙语答题

明太祖朱元璋定都南京之后，从民间选了很多青年才俊到朝廷做官。这些青年中，有一个名叫解缙的，从小就很聪明，过目不忘，出口成章，被人们称为"神童"。解缙做官之后，经常跟随在朱元璋旁边，帮他起草和整理文件。朱元璋很欣赏解缙，也时常和他开玩笑。

有一次，朱元璋带着解缙在御花园里散步。湖上波光粼粼，岸上绿草茵茵，春风吹来，柳枝起舞，令人心旷神怡。两人一边走，一边聊天，不知不觉走到了汉白玉石拱桥上。朱元璋走在前面，解缙紧跟其后。上了六七级台阶后，朱元璋突然想考考解缙。于是他回头问解缙："解缙，朕沿着台阶往上走，应该怎么讲啊？"

解缙应声答道："万岁，这叫'一步更比一步高'。"

"哈哈，不错，不错。"朱元璋一听，心里特别美，解缙是希望朕将来比现在更好啊。

两人沿着石桥的阶梯继续往前走，过了拱桥的桥顶，还有六七级台阶就要下桥了，朱元璋突然停住了：对了，刚才上桥，你说"一步更比一步高"，那么，下桥你能说什么呢？再考考你。于是他又笑着对解缙说："解缙，朕现在往下走，该怎么说呢？"

"万岁，请您扭回头来看一下，这叫'后边更比前边高'。"解缙低头回答。

朱元璋扭头一看，可不是吗？自己都快走下桥了，身后台阶肯定比眼前的几级台阶高啊。

两人对视一笑，继续往前走。解缙心里不免有些得意，兴高采烈地观赏着御花园的风景；朱元璋反倒没心思观景了，他一心想着再怎么考一下解缙。他摸摸胡子，拍拍解缙的肩膀，说："解缙，昨日后宫中贵妃生产，你来做首诗吧。"

"君王昨夜降金龙。"解缙立刻答道。他想万岁喜得贵子，肯定会很高兴的。

"可惜是个女儿。"朱元璋一脸惋惜地说道。

"化作嫦娥下九重。"解缙赶紧补上一句。生了公主也好,像月宫里面的嫦娥一样美丽。

"可惜,生下两个时辰就夭折了。"

解缙吓了一跳,略一思索,接上了下句:"料是凡间留不住。"是啊,公主是月宫嫦娥,肯定不喜欢待在凡间啊。不过,他由于紧张,额头上布满了细细的汗珠。

朱元璋一听,居然给接上了,不过没关系,一首诗四句,还差一句呢。他装模作样地叹了口气:"可惜被贵妃给送到御花园的湖中去了。"

"贵体安居水晶宫。"解缙一口气接上。嫦娥既然到了凡间,回不到月宫,就到水晶宫待着吧,好歹也是神仙待的地方啊。

朱元璋一听,禁不住夸赞道:"好啊!好个解缙,好个神童,滴水不漏,文思敏捷,名不虚传,名不虚传啊!朕算是见识了。不过刚才朕是逗你玩呢。"

"逗我玩?万岁,您……我还以为公主真的……"解缙擦着额头上的汗珠,说不出话来。

"哦?伶牙俐齿的解大学士也结巴了?哈哈哈哈!"朱元璋一看解缙紧张的样子,大笑起来。

153

第五章

与人为善：言辞有道积家德

第六章

广交益友：积人脉以聚家脉

朋友，是情谊深重的双方的代称。朋友是一个神圣的词，正所谓人可以没有亲戚，但不能没有朋友。然而，并非所有的朋友都是益友，交些"狐朋狗友"可能导致个人的失败，甚至牵涉到整个家庭。因此，我国家规中对选择朋友是非常慎重的，尤其是强调应远离那些奸佞之人。

交绝不出恶声

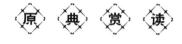

【原文】

古之君子，交绝不出恶声。

——《史记·乐毅列传》

【译文】

古代的君子，和朋友断绝交往，也绝不说对方的坏话。

家规心得

印度谚语曾形象地比方说："友谊的线，不容许草草割断，因为割断了，恢复也将多了一个结。"结交一个朋友不容易，所以不可轻易与朋友断交，要珍视老朋友。只要不是"当面说好话，背后下毒手"的角色，就不可轻易断绝交往，更不能为了私利抛弃老朋友。

当然，在一些情况下，不得不与人绝交，比如，一开始就把朋友选错了，对方只不过是假朋友，或是如古人所说的"昵友""损友""贼友"之类，那么，再继续维持这种朋友关系也无益，与之决然断交不仅合情合理，也是合于交友处世之道的。

也可能有时是因为双方对某一件事、某些问题的见解不同，因此产生了不同的甚至是对立的思想。道不同不相为谋，意见或志趣不同的人自然就无法共事，朋友间绝交也就是必然的了。

想必所有的绝交都有不得不如此的理由，这中间也许包含着几许惆怅、憾恨及许多双方都难以突破的心理障碍，不一定是谁对谁错、谁好谁坏这么简单的差异，而是一定有很多细微又尖锐的矛盾纠纠结结地缠绕困锁，终使彼此都感觉相当不快，其程度可能到了无法忍受的地步，在万不得已之下，只有用绝交来切断彼此的牵扯。

基于这样一种理念，君子绝交虽然不是愉快的事，却也不必将之视为太难堪的失败，重要的是如何冷静地处理绝交后的相互关系。

嵇康有言："古之君子，交绝不出恶声。"所谓不出恶声，首先是不讲对方坏话，其次是不将两人绝交的原因都推到对方身上，不以谩骂、攻击以及流言中伤对方，然后是不张扬对方不愿被人知晓的隐私等，应该是"三缄其口"，绝口不提属于彼此的一切。这才是真正的君子所为。此时的沉默，无疑是考验一个人修养、爱心、良知的最好答卷。虽已绝交，却不代表绝情。

断交之时，可以逐渐由疏远而不相往来；也可以类乎嵇康作"绝交书"，说明一下不再交往的缘由，阐明彼此的分歧；还可以最后提出规诫与希冀。然而，不可搞历数罪状式，那样会产生新的矛盾，甚至使矛盾激化，此为智者所不取。在做这一切时，仍要本着与人为善的态度，毕竟曾经朋友一场，与人为善，则人善待之。

家风故事

张辽复交武周

三国时的魏国名将张辽就有过轻易断交的教训。他同护军武周本是好友，因一点儿小事就闹崩断了交。后来，张辽听说一个名叫胡质的人学问和人品都不错，便想与胡质交朋友。托人说合时，胡质却以身体不舒服为由辞谢了。

一天，张辽在路上见到胡质，便略带埋怨地问他说："我想与你交朋友，你为什么总是对我避而不见，难道是嫌弃我吗？"

胡质直言不讳地说："我一向觉得交朋友要看大节，不计小事，这样才能长久保持友谊。我听说武周为人不错，你们原是很好的朋友，后来只为一点儿小事，你就与他绝交了。我自认才学比武周差远了，我担心与你交好，哪天咱们会因为小事不和再断交，那还不如不结交哩！"张辽听了愧悔交加，连连称谢。随即给武周道歉，二人和好如初。

157

第六章 广交益友：积人脉以聚家脉

胡质见张辽知过能改，认为他是个可交的朋友，不久也和张辽结成了朋友。

轻易与老朋友断交的人，常会给人不够宽容的印象，要想交新朋友，就不免会使人疑虑。因此，当我们与朋友发生了争执，最好不要轻易就把"绝交"二字说出口。

君子多交益友

【原文】

子曰：益者三友，损者三友。友直，友谅，友多闻，益矣。友便辟，友善柔，友便佞，损矣。

——《论语》

【译文】

孔子说：益友有三种，损友也有三种。与那些待人耿直、宽容、博学多才的人交朋友有益处；与那些走邪门歪道、谄媚奉迎、花言巧语的人交朋友是有害的。

家 规 心 得

选择朋友对一个人的一生是非常重要的，结交益友，会促使你进步，在你陷入危难时，益友会鼎力相助；反之，结交损友，会让你堕落，当你陷入困境时，损友会落井下石，让你的处境雪上加霜。因此，我们在生活中选择朋友时应该擦亮眼睛，识别益友与损友，要比中而行，切莫认为亲近自己的人都是益友，疏远自己的人都是损友。

实际上，识别朋友也有一定的规则：一般来说，那些有事没事就对你献殷勤，只说好听的话，总是顺着你的意思说话的人必须要警惕，他们很可能是位置不及你而想讨好你，或是企图从你这里得到些什么。

对于那些不太了解的人，不要把"他对你的态度"作为唯一的衡量标准，更要留心他是如何对待别人，尤其是那些地位不如他的人。如果他对领导毕恭毕敬，而对下属却盛气凌人，那么他对你的态度就很值得怀疑，可能会随着你地位的变化而变化；如果他时常为了表现与你的关系亲密就在你面前讲某某的不是，或者搬弄是非制造事端，那么，在你背后，他也很可能是传播你小道消息的大喇叭，这样的人还是远离为妙，否则，你的隐私就不保了；如果他总是想占别人的小便宜，借花献佛给你，那么这样的人也要防范，因为他也可能占你的便宜去讨好他更需要的人。

总之，在结交朋友时，最好先保持适当的距离，既要能够观察到对方的言行，判断出对方的人品，又不要轻易地对对方掏心掏肺。正如荀子所说，交注时应"比中而行"。"曷为中？曰：礼义是也。"也就是以"礼义"为限去实现"中道"交注。当你能够真正判断出此人的品性是否能成为益友时，再决定下一步的交注不失为一种稳妥的方法。

家 风 故 事

柳公权以良心行事

唐朝大书法家柳公权中了进士之后，在地方做了个小官，到任不到半年，就赢得了极好的口碑，太守也时常听到别人说些赞扬他的话。但是太守对他却很是不满，因为柳公权并不像其他的下属或是当地权势之人那样时常来太守府拜访。

这个柳公权好像有些自命清高，除了一些非到不可的场合之外，与太守素无往来，太守对此耿耿于怀，心里骂这柳公权是不懂人情世故的书呆子，对他的评价自然不高。然而，一件突如其来的事情却使太守对柳公权的印象发生了改变。

当时，朝廷每年都会派巡查官员到各地去考核地方官的政绩，而被派到太守这里的巡查官员事先暗中走访了几个地方，发现当地百姓的生活有些艰难，便认为太守玩忽职守、毫无建树、管理无方。一见到太守，就劈头盖脸

第六章　广交益友：积人脉以聚家脉

地训斥了一顿。巡查官员说完，当地的官员谁也不敢说话，因为谁都知道这关乎自己的利益，甚至是性命。

太守更是紧张地给周围的人递眼色，希望他们能说句公道话，可是让他没想到的是，这些平日里看似亲密无比的属下、情同兄弟的同僚一下子都装聋作哑起来。

就在他感到绝望的时候，柳公权站了出来，替太守辩解开脱，他告诉巡查官员，这个地方本就土地贫瘠，商贸不兴，多年以来一直是民不聊生。太守任职的两年时间里，推行了一系列措施，使得此地的一些百姓已经丰衣足食，这已经是非常难得了。柳公权还愿意用官位相保，请巡查官员深入民间查访，如不属实，愿意和太守一起免官。

巡查官员听到柳公权的话铿锵有力，不像是在有意袒护，这才平息了怒火。后来，他真的像柳公权建议的那样再次到各地仔细调查了一番，发现柳公权所言属实。于是，一场误会得以化解，太守还得到了褒奖。太守对柳公权自然是感激涕零，没过几日便带着礼物去感谢柳公权，然而柳公权却退回了所有礼物，对太守说："我做事讲良心，不会曲意逢迎，也不会袖手旁观，更不会落井下石。"

太守闻言，默然无语。他才明白平时身边的那些亲近的人并非真朋友，而交情尚浅的柳公权也并非真正的敌人。这也正道出了识别朋友的一条通用的规则：有的人在他人对自己有利或无害时，尽可以称兄道弟、推杯换盏，显得亲热无比。可是，一旦这个人有损于他的利益时，他就立刻变了脸，见利忘义、唯利是图，甚至是恩将仇报，友谊、感情统统抛到九霄云外，丝毫不提。与这种人交朋友，无异于在身边安了一颗定时炸弹，你落难之日就是它爆发之时。许多人都深受其害，误把小人当朋友，结果使自己蒙受了巨大的损失。

勿害人但要防人

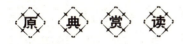

【原文】

谮慝之言，无入之耳；批扞之声，无出之口；杀伤人之孩，无存之心。

——《墨子》

【译文】

那些谗言恶语，不要去听；攻击、诋毁别人的言论，也不要去说；伤害人的念头，也不要存留在心中。

家规心得

墨子是告诉我们做人要堂堂正正、光明磊落，要有一颗善良的心。对于谗言恶语，不要予以理睬，不要太在意、为其所左右，更不要浪费时间纠缠于此，因为"身正不怕影子斜"，谗言恶语可能流传一时，但不能流传一世，它终究会不攻自破。同时，做人也不要笑里藏刀、口蜜腹剑，背后指责谩骂别人以此抬高自己，而要心底宽厚，不可有害人之心。尤其是在竞争激烈的当今，这一条做人的原则极为重要。凡事要坚持公平竞争的原则，有什么问题应该摆在桌面上协商解决，切不可背后造谣中伤、指手画脚。当然，自己也要保持理性的心态，不能为恶言所困。

虽然伤害人的念头不能存于己心，但防人之心却不可没有。世上之人，形形色色，世界之大，无奇不有。在你的周围，有好人也有坏人，有君子也有小人。俗话说："害人之心不可有，防人之心不可无。"在人际交往中，多长几个心眼没有坏处。

第六章 广交益友：积人脉以聚家脉

杨炎死于小人之手

唐德宗时，杨炎与卢杞一度同任宰相，杨炎善于理财，文才也好，至于卢杞，除了巧言善辩，别无所长，但他嫉贤妒能，使坏主意害人却是拿手好戏；两个人在外表上也有很大不同，杨炎是个美髯公，仪表堂堂，卢杞脸上却有大片蓝色痣斑，相貌奇丑，形容猥琐。两人同处一朝，杨炎有点看不起卢杞。按当时制度，宰相们一同在政事堂办公，一同吃饭，杨炎不愿与他同桌而食，经常找个借口在别处单独吃饭，有人趁机对卢杞挑拨说："杨大人看不起你，不愿跟你在一起吃饭。"卢杞自然怀恨在心，便先找杨炎属下官员的过错，并上奏皇帝。杨炎因而愤愤不平，说道："我的手下人有什么过错，自有我来处理，如果我不处理，可以一起商量，他为什么瞒过我暗中向皇帝打小报告！"两个人的隔阂越来越深，常常是你提出一条什么建议，我偏偏反对；你要推荐一些人，我就推荐另一些人，总是对着干。

当时有一个藩镇割据势力梁崇义发动叛乱，德宗皇帝命令另一名藩镇李希烈去讨伐，杨炎不同意，说："李希烈这个人，杀害了对他十分信任的养父而夺其职位，为人凶狠无情，他没有功劳却傲视朝廷，不守法度，若是在平定梁崇义时立了功，以后更不可控制了。"

德宗已经下定了决心，对杨炎说："这件事你就不要管了！"杨炎一再表示反对，这使对他早就不满的皇帝更加生气。不巧赶上天下大雨，李希烈一直没有出兵，卢杞看到这是扳倒杨炎的好时机，便对德宗皇帝说："李希烈之所以拖延不肯出兵，正是因为听说杨炎反对他的缘故，陛下何必为了保全杨炎的面子而影响平定叛军的大事呢？不如暂时免去杨炎宰相的职位，让李希烈放心，等到叛军平定以后，再重新起用，也没有什么大关系！"这番话看上去完全是为朝廷考虑，也没有一句伤害杨炎的话，卢杞排挤人的手段就是这么高明。德宗皇帝果然信以为真，于是免去了杨炎宰相的职务。

从此卢杞独掌大权，杨炎可就在他的掌握之中了，他自然不会让杨炎东山再起的，便找碴整治杨炎。杨炎在长安曲江池边为祖先建了座祠庙，卢杞便诬奏说："那块地方有帝王之气，早在玄宗时代，宰相萧嵩在那里建过家庙，玄宗皇帝不同意，令他迁走；现在杨炎又在那里建家庙，必定是怀有篡逆的野心！"

早就想除掉杨炎的德宗皇帝便以卢杞这番话为借口，将杨炎贬至崖州，随即将他杀死。杨炎身中小人之暗算，最终命丧黄泉，着实让人叹息。他倒在了卢杞为他挖好的陷阱下面，没能逃出小人所伸出的魔爪，也有他不善于与小人斗争有关。

观言品行识他人

【原文】

智莫难于知人，痛莫苦于去私。

——《处世悬镜》

【译文】

拥有智慧最难得的事莫过于辨识人了，而人最痛苦的事情莫过于去掉私心杂念了。

家规心得

识人是一门艺术，因为言行不一，最终会蒙蔽你的眼睛。所以善于识别人，才能交到可靠的朋友，才能拥有品行优良的员工。通过一个人的行为能辨别出这个人的品行，这是一种智慧。通过一个人的相貌和潜在资质，能推断出其人的未来前途，更是一种大智慧。能比他人早一步辨识人才，就有可能拥有人才的资源，如果你还会管理人才，那么，成功就离你更近了。

第六章 广交益友：积人脉以聚家脉

真卿劲节

颜真卿，字清臣，谥号文忠，是唐玄宗时代的一位忠臣，他是北齐颜之推的第五代子孙。颜之推所写的《颜氏家训》，成为后人教育子女、立身处世的著名箴规。

由于父亲很早就过世了，颜真卿一直照顾母亲，格外孝顺。他非常喜欢读书，从小的志节与追求就不同凡俗，可谓深明大义、志节凛然，是一位非常爱国的忠贞之士，被封为鲁郡开国公，史称"颜鲁公"。他的楷书遒劲有力、圆润厚重，表现了大义凛然的志节，更表现着大唐独有的风骨和气韵。

颜真卿曾经在五原做官，由于先前官吏不清廉，造成了许多冤狱，使得当地持续干旱，很久都没有下雨。他到任之后，就开始审理这些冤案，为许多无辜的人平反，终于感动得上天降下了甘霖，这被当地人称之为"御史雨"。

当时，正值开元盛世的末年，唐玄宗晚年宠爱杨贵妃，疏忽了国政。他听信胡人安禄山的谗言，把许多兵权都交给了他，后来造成安禄山在边疆的势力日益壮大，并有了谋反的意图。

颜真卿在平原郡（今山东德州）当太守的时候，看出了安禄山有叛变的迹象，所以在暗地里就招兵买马、修筑城墙、囤积粮食，以防止突然的变故。不出所料，早就蠢蠢欲动的安禄山开始起兵谋反，一把火烧遍了中原，河北各郡相继沦陷。而只有城墙坚固的平原城，在颜真卿率兵顽强的抵抗之下，守护得非常成功，河朔各郡都把平原县看成像长城那样重要。

当兵书传到河北的时候，除了颜真卿兄弟等人之外，居然没有人起兵抵抗叛贼，唐玄宗感到十分痛心，他叹息道："河北二十四个郡，难道连一个忠臣都没有吗？"等到得知颜真卿的义行之后，玄宗非常感慨，后悔当时因为一时失察，听信了杨国忠的谗言，而将他贬官到平原。玄宗说："朕没有眼力看清颜真卿是怎样的人，想不到他是这样一位忠心耿耿的义士！"

安禄山之乱，唐朝一个泱泱大国却无力抵抗，玄宗不得已之下逃离了京城。"多行不义必自毙"，安禄山最后虽然攻进京城，圆了他称王的梦，可是不久还是惨死在他的儿子手中。

后来，节度使李希烈造反，颜真卿由于得罪了权臣，而被派去执行一项非常危险的任务———劝李希烈投降，希望能感化他早日回头，避免军事上的冲突。当时颜真卿已经70多岁了，他毅然接受了这一任命，朝廷中所有的人都大惊失色，替他担心不已。

到了叛军那里，颜真卿正准备宣读诏书，就遭受到李希烈手下之人的谩骂与恐吓。颜真卿气宇轩昂，毫无惧色，那镇定而又勇敢的气度，反而让李希烈对他敬畏不已。后来有人劝李希烈说："颜真卿是唐朝德高望重的太师，相公您想要自立为王，而太师他自己就来了，这难道不是天意吗？宰相的人选，除了颜真卿，还有谁会比他更合适？"

颜真卿听到这番话之后，威怒不已，大声呵斥他们不知廉耻，他说："你知道我的兄长颜杲卿吗？难道你们不晓得，我们颜家都是如此忠烈吗？颜家的子弟只知道要守节，就是牺牲生命也决不变节，我怎么可能接受你们的利诱！"

原来，当年安禄山带兵横扫中原，气焰十分地嚣张。颜家兄弟号召天下的志士仁人，一起出兵讨伐。颜杲卿率领义兵奋勇抵抗，在常山郡（今河北正定）进行了悲壮的最后一战，最终还是寡不敌众，被叛军将领史思明俘虏了。暴跳如雷的安禄山，厚颜无耻地质问颜杲卿说："当年就是因为我的提拔，你才当上了常山太守，而今你凭什么背叛我？"

颜杲卿生性刚直，正气浩然，他义正词严地说："我们颜家是大唐的臣子，世世代代都忠于国家。难道受过你的提拔，就要跟你一样忘恩负义、背叛君国吗？而今你受尽国家的恩宠，皇上哪一点对不起你？你凭什么要背叛朝廷？凭什么要拥军自立，起兵叛乱？天底下最没有天良的事，都被你这种人干尽了。真是一只不知羞耻的'营州牧羊奴'！"

安禄山被气得上蹿下跳，却又无言以对。他恼羞成怒，暴跳如雷，于是派人把颜杲卿绑起来，将其舌割掉，又用刀将他的身体一节一节地割掉，最后颜杲卿壮烈成仁。

李希烈听了颜真卿的表白之后，内心非常惭愧，就向颜真卿谢罪，手下的这些叛贼看到这番情景，都低下头来，谁也不敢再说话了。后来李希烈以

第六章 广交益友：积人脉以聚家脉

死相威胁，而颜真卿不为所动，他事先写好了遗书，做了必死的准备。最后叛贼痛下毒手，杀害了他。在生命的最后一刻，颜真卿仍在大骂他们是"逆贼"，当时，他已经77岁了。

噩耗传到朝廷，德宗悔恨交加，非常伤心，五天都没有办法上朝。所有的将士都痛哭流涕，深切悼念这位壮烈成仁的大唐柱石与忠臣———颜鲁公。

仁爱的人，正是最勇敢的人，这在危难的关头表现得尤其明显。曾子曾经说过："仁以为己任，不亦重乎。死而后已，不亦远乎。"这就是说，把仁爱当作自己义不容辞的责任，这是多么伟大。把这个责任坚守到生命的最后一刻，这是多么可贵。所谓"一门双忠，流芳千古"，颜家兄弟沿承了以"忠孝"传家的庭训，以凛然的气节，让后世的子孙永远地缅怀与追念。

患难方显真情

【原文】

岁寒乃见松柏本色，事险方显朋友伪贤。

——《处世悬镜》

【译文】

天气寒冷时，才能看得见松柏的刚毅本色，做事遇到难处时，才能识别出朋友的真假。

家规心得

朋友是社会中人与人的一种关系，或许是利益，也或许是情谊，然而这些是禁不住考验的。真正的朋友就是人生的伴侣，是悲欢离合的共同分享者，即使平日里互不联系，在你困难的时候，他就会伸出援助之手。患难方显真情即是如此。哪怕在你富贵的时候，家门前宾客不断，但真正能称得上朋友的人寥寥可数。朋友源于患难之中，尤其是你从高处跌到人生谷底的时候，最能辨别朋友的真伪。

鲍叔牙危难之时助管仲

　　从前，齐国有一对好朋友，一个叫管仲，另外一个叫鲍叔牙。年轻的时候，管仲家里很穷，又要奉养母亲。鲍叔牙知道了，就找管仲一起投资做生意。做生意的时候，因为管仲没有钱，所以本钱几乎都是鲍叔牙拿的。可是，当赚了钱以后，管仲拿的却比鲍叔牙还多，鲍叔牙的仆人看了就说："这个管仲真奇怪，本钱出的比我们主人少，分钱的时候却拿的比我们主人还多！"鲍叔牙却对仆人说："不可以这么说！管仲家里穷，又要奉养母亲，多拿一点没有关系的。"有一次，管仲和鲍叔牙一起去打仗，每次进攻的时候，管仲都躲在最后面，大家就骂管仲说："管仲是一个贪生怕死的人！"鲍叔牙马上替管仲说话："你们误会管仲了，他不是怕死，他得留着他的命去照顾老母亲呀！"管仲听到之后说："生我的是父母，了解我的人却是鲍叔牙呀！"后来，齐国的国王死掉了，公子诸当上了国王，诸每天吃喝玩乐不做事，鲍叔牙预感齐国一定会发生内乱，就带着公子小白逃到莒国，管仲则带着公子纠逃到鲁国。

　　不久之后，齐王诸被人杀死，齐国真的发生了内乱，管仲想杀掉小白，让纠能顺利当上国王，可惜管仲在暗算小白的时候，把箭射偏了，小白没死。后来，鲍叔牙和小白比管仲和纠还早回到齐国，小白就当上了齐国的国王。小白当上国王以后，决定封鲍叔牙为宰相，鲍叔牙却对小白说："管仲各方面都比我强，应该请他来当宰相才对呀！"小白一听，说："管仲要杀我，他是我的仇人，你居然叫我请他来当宰相！"鲍叔牙却说："这不能怪他，他是为了帮他的主人纠才这么做的呀！"小白听了鲍叔牙的话，请管仲回来当宰相，而管仲也真的帮小白把齐国治理得非常好！

鲍叔牙推荐管仲以后，自己甘愿做他的下属。鲍叔牙的子孙世世代代在齐国吃俸禄，得到了封地的有十多代，成为有名的大夫。天下的人不赞美管仲的才干，而赞美鲍叔牙能了解人。

君子之交淡如水

【原文】

交友须带三分侠气，做人要存一点素心。

——《菜根谭》

【译文】

交朋友要有几分侠肝义胆的气概，为人处世要保存一种赤子的情怀。

家规心得

"侠"是中国传统文化的一个方面，它尊崇坦荡无私、患难与共的精神。没有了刀光剑影，"侠"在交友的过程中，强调放下自我、为朋友赴险难、同大家共享安福。而"素心"则是一种修身养性的境界，它是一种朴实无华、纯净无私的心灵境地。为人处世的过程中，拥有一颗素心就要心胸坦荡、知足常乐。《菜根谭》之所以会把这两者并谈，是因为只有同时拥有这两种品质，我们才能在实际交往中于人无害，于己无憾。

如果真的把"君子之交"比作一弯溪流的话，侠义让这水流不断，哪怕朋友之间意见不合，也不会分道扬镳；而素心则保证着水流的清澈，人心不坏，才能澄净见底。

在我们现在的生活中，君子之交，虽然不再虚无，但它仍保留着不乘人之危、不落井下石的内涵和简单丰富的真谛。交友过程中，不失侠气，义字当先，不随波逐流、见利忘义，始终保持纯粹的心境，我们就不会失去珍贵的友谊。

范仲淹与富弼和而不流

范仲淹在泰州当官的时候，结识了当时年仅 20 岁的富弼。初次见面范仲淹就为富弼的才华所折服，对他大为欣赏，认为他有王佐之才，并借机把他的文章推荐给当时的宰相晏殊，还替他做媒，让他做了晏殊的女婿。

几年以后，山东一带多有兵变，有些州县的长官为了明哲保身，不仅不抵抗乱兵侵扰，还开门延纳，礼送讨好。后来兵变被镇压，朝廷派人追究这些州县长官的责任。

富弼得知此事后，便生气地说："这些人都应该被判死罪，否则的话，就没有人再提倡正气了。"

范仲淹对这件事的态度却迥异于富弼，他说："这些县官进行抵抗的话，又没有兵力，只是让百姓白白受苦罢了。他们这种做法，大概是为了保护百姓采取的权宜之计。"

二人意见不同，争执起来。

有人劝富弼说："你也太过分了，你难道忘记范先生对你的大恩大德了吗?你考中进士后，皇帝就下诏求贤，要亲自考试天下的士人。范先生听到这个消息以后，马上派人把你追回来，还给你准备好了书房和书籍，让你安心温习考试。如果不是范先生的义举，你岂能被皇帝赏识、谋得今天的成就地位?"

富弼却回答说："我和范先生交往是君子之交，范先生举荐我并不是因为我的观点始终和他一样，而是因为我遇到事情都有自己的主张。我怎么能为了报答他举荐我的恩情而放弃自己的主张呢?"

范仲淹听说这件事后，欣喜地说："我果然没有看错富弼。恩情是一回事，主见又是另一回事，富弼时刻都懂得不因其中的任何一方而让另一方贬值。这就是我欣赏他的原因之一。"

范仲淹对富弼的举荐出于侠义，对富弼的理解则出于素心。前者让他不能眼看着富弼和机遇擦肩而过，后者使他在遭到反驳时仍能公私分明。范仲淹和富弼的这件事很好地诠释了"交友须带三分侠气，做人要存一点素心"这一句话。

行事不操之过急

【原文】

　　善人未能急亲，不宜预扬，恐来谗谮之奸；恶人未能轻去，不宜先发，恐遭媒孽之祸。

——《菜根谭》

【译文】

　　好人不能急着和他亲近，也不应当事先就去赞扬他的美德，为的是防止遭受奸邪小人的诽谤；坏人不能轻易除去，则不应当事先揭发他的罪行，为的是防止受到报复和陷害的灾祸。

家规心得

　　如果想结交一个有修养的人不必急着跟他亲近，也不必事先来赞扬他，为的是避免引起坏人的嫉妒而背后诬蔑诽谤；如果想要摆脱一个心地险恶的坏人，绝对不可以草率行事随便把他打发走，尤其不可以打草惊蛇，以免遭受这种人的报复。

　　与人交往切记不要操之过急，否则只会取得相反的效果。我们必须尝试着去保持所谓的"等距离外交"。

　　常言道，人心险恶。有的人外表看起来很敦厚老实，和气慈祥，但是内心都是十分奸险与凶悍。而有些人外表看起来严厉，可是内心都通情达理。所以，在人际交注中，一定要做到"善人未能急亲，恶人未能轻去"。

家风故事

陈树屏巧言避祸

清朝末年，陈树屏做江夏知县的时候，张之洞在湖北做督抚。张之洞与湖北巡抚谭继洵关系不太融洽，多有矛盾。谭继洵就是后来大名鼎鼎的"戊戌六君子"之一谭嗣同的父亲。

有一天，张之洞和谭继洵等人在长江边上的黄鹤楼举行公宴，当地大小官员都在座。后来，有人谈到了江面宽窄问题，谭继洵说是五里三分，曾经在某本书中亲眼见过。张之洞沉思了一会儿，故意说是七里三分，自己也曾经在另外一本书中见过这种记载。

督抚二人相持不下，在场僚属难置一语。于是双方借着酒劲儿争执起来，谁也不肯丢自己的面子。于是张之洞就派了一名随从，快马前往当地的江夏县衙召县令来断定裁决。知县陈树屏，听来人说明情况，急忙整理衣冠飞骑前往黄鹤楼。他到了以后刚刚进门，还没来得及开口，张、谭二人同声问道："你管理江夏县事，汉水在你的管辖境内，知道江面是七里三分，还是五里三分吗？"

陈树屏对两人的过节已有所耳闻，听到他们这样问，当然知道他们这是借题发挥。但是，张、谭二人他谁都得罪不起，所以肯定任何一人都会使自己陷入困境。后来，他从容不迫地拱拱手，言语平和地说："江面水涨就宽到七里三分，而水落时便是五里三分。张制军是指涨水而言，而中丞大人是指水落而言。两位大人都没有说错，这有何可怀疑的呢？"

张、谭二人本来就是信口胡说，听了陈树屏这个有趣的圆场，抚掌大笑，一场僵局就此化解。

陈树屏深知自己两边都得罪不起，但是又不能不表明态度和立场，这个时候谁也不得罪才是求生存的最好办法。

第六章 广交益友：积人脉以聚家脉

以诚与德感化人

【原文】

遇欺诈之人，以诚心感动之；遇暴戾之人，以和气熏蒸之；遇倾邪私曲之人，以名义气节激砺之。天下无不入我陶冶中矣。

——《菜根谭》

【译文】

遇到狡诈不诚实的人，用真诚的态度去感动他；遇到粗暴乖戾的人，用平和的态度去感染他；遇到行为不正自私自利的人，用道义名节去激励他。那么天下就没有人不受我的感化了。

家规心得

著名翻译家傅雷说过这样的话："一个人只要真诚，总能打动人，即使人家一时不了解，日后便会了解的。我一生做事，总是第一坦白，第二坦白，第三还是坦白，绕圈子，躲躲闪闪，反易叫人疑心。你要手段，倒不如光明正大，实话实说，只要态度诚恳、谦卑恭敬，无论如何别人也不会对你怎么样的。"

所谓"精诚所至，金石为开"。假如我们不诚心，就会什么事情也做不好，做不成。烈火熔金，也能感化顽石，在人生的角斗场中，高尚的节操和真诚的心意，能感动许多人。

真诚，乃为人的根本。如果你是一个真诚的人，人们就会了解你、相信你，不论在什么情况下，人们都知道你不会掩饰、不会推脱，都知道你说的是实话，都乐于同你接近，因此也就容易获得好人缘；如果总是与人虚与委蛇，将很难交到知心朋友，更不要说得到生死之交。只有"诚"才能动人，同时也能得到他人富有诚意的回馈。

用以诚待人、以德服人的态度来面对大千的世界，在千变万化中以不变应万变，即便是冥顽不化的人，也能够被感化。

家 风 故 事

曾国藩荐人之谋

晚清重臣曾国藩麾下有个叫塔奇布的将领。塔奇布本人并不善于打仗，曾国藩说："塔公实无方略。每次传令处队，并不言谋营宜从某路进某营和某营接应，某营宜埋伏。接令者茫然不知所措，众至大帐请示，亦茫然无以应对，但言各营出队几成，向前杀敌而已。"

但是从中也可看说塔奇布是个实诚之人，朴实而有士气，符合曾国藩选人之标准。

曾国藩给咸丰皇帝上折子保举塔奇布，说他忠勇果敢，发奋努力，深得士卒敬佩，想要对他破格提拔，还表明如果此人有临阵脱逃之举，甘愿与之一同受罚。

曾国藩这样做，一方面是为了让朝廷对他放心，因为清廷对汉人力量的强大依然心有疑惧，而塔奇布正是满人，咸丰帝见他保举满人，当然十分乐意，一方面，塔奇布见曾国藩如果看重自己，自然心怀感恩，对他感激不已，在日后的作战中更加努力。

塔奇布在此后的作战中，打了不少胜仗，屡次救了曾国藩的性命。九江之战中，塔奇布英勇善战，城却屡攻不破，而部下的伤亡日渐增多。曾国藩与他相见后两人都哽咽难言，塔奇布发誓说，定要攻下九江雪耻!只可惜下令攻城后，他咯血死于军营之中，年仅39岁。塔奇布忠勇至此，一是出于建功立业之抱负，二来就是有感于曾国藩的信任和重用。

听闻噩耗后，曾国藩悲恸欲绝，亲自赶到他的军营中为他治丧，并且写了一副挽联：大勇却慈祥，论古略同曹武惠；至诚相许与，有章曾荐郭汾阳。

曾国藩的诚恳之心，换来塔奇布的忠心耿耿。"待人以诚"也为曾国藩在军队里与士兵建立了相互信任的关系，不仅减少了很多内部摩擦，也增强了军队的作战力。

交君子，远小人

【原文】

休与小人仇雠，小人自有对头；休向君子谄媚，君子原无私惠。

——《菜根谭》

【译文】

不要与那些行为不正的小人结下仇怨，小人自然有他的冤家对头；不要向君子去讨好献媚，君子本来就不会因为私情而给予恩惠。

家规心得

在生活中，人们不可能完全做到亲君子远小人，有时候与小人打交道也是难以避免的。君子有光风霁月般的胸怀，像春风吹拂，清爽舒适，像秋月光华，皎洁无瑕。与君子相处，人们也可以像君子般自然、坦荡，而无须战战兢兢、如履薄冰。你有不当之处，君子也不会挂怀；你向他示惠，他也不会接受；与君子相处容易，而讨好君子却很难。而小人就恰好相反，他们没有君子那种坦荡的胸怀，睚眦必报、求全责备、见利忘义是他们的本性。真正的智者，不仅能够分辨出君子和小人，而且能够采取不同的相处方式对待他们。

有人以水比喻君子，以油比喻小人，说道："水味淡，其性洁，其色素，可以洗涤衣物，沸后加油不会溅出，颇似君子有包容之度；而油则味浓，其性滑，其色重，可以污染衣物，沸后加水必四溅，又颇似小人无包容之心。"生活之中，人们难免与各种人打交道，君子易处，小人难待。目光如炬，识得出水油之别，方能事事无虞。

家风故事

徐文远处世之谋

徐文远是名门之后，他幼年跟随父亲到了长安，那时候他们的生活十分困难，难以自给。他勤奋好学，通读经书，终有所成，后来官居隋朝的国子博士，越王杨侗还请他担任祭酒一职。

隋朝末年，洛阳一带发生了饥荒，徐文远只好外出打柴维持生计，凑巧碰上李密，于是被李密请进了自己的军队。李密曾是徐文远的学生，他请徐文远坐在上座，自己则率领手下兵士向他参拜行礼，请求他为自己效力。徐文远对李密说："如果将军你决心效仿伊尹、霍光，在危险之际辅佐皇室，那我虽然年迈，仍然希望能为你尽心尽力。但如果你要学王莽、董卓，在皇室遭遇危难的时刻，趁机篡位夺权，那我这个年迈体衰之人就不能帮你什么了。"后来，李密战败，徐文远归属了王世充。王世充也曾是徐文远的学生，他见到徐文远十分高兴，赐给他锦衣玉食。徐文远每次见到王世充，总要十分谦恭地对他行礼。

有人问他："听说您对李密十分倨傲，但却对王世充恭敬万分，这是为什么呢？"徐文远回答说："李密是个谦谦君子，所以像郦生对待刘邦那样用狂傲的方式对待他，他也能够接受；王世充却是个阴险小人，即使是老朋友也可能会被他陷害杀死，所以我必须小心谨慎地与他相处。我针对不同的人而采取相应的对策，难道不应该如此吗？"等到王世充也归顺唐朝后，徐文远又被任命为国子博士，很受唐太宗李世民的重用。

徐文远之所以能在隋唐之际的乱世保全自己，屡被重用，就是因为他针对不同的人有不同的应对之法，懂得灵活处世。对待坦荡的君子，他无所保留，甚至有些倨傲；而对待气量狭小的小人，他就十分谨慎，如履薄冰。君子坦荡荡，你可以拒绝他的要求，他不会挂怀。君子有缺点，你指出来，他感激不尽。与君子交朋友，可以袒露心扉，不用有戒心。对小人却万万不可，与之相处，需要战战兢兢，如履薄冰，"待小人要宽，防小人要严"，即是如此。

第七章

温良待人：敦厚处世彰家风

　　家庭并不是超出社会的独立存在，而是与整个社会息息相关。因此，家规中也少不了为人处世的教育。在为人处世方面，家规很好地体现了传统文化中的守拙与中庸的特点，讲求不为人先，韬光养晦。

韬光养晦自存身

【原文】

吾亦不甘为庸庸者，近来阅历万变，一味向平实处用功。非委靡也，位太高，名太重，不如是，皆危道也。

——《曾国藩家训》

【译文】

我岂是甘于平庸的人呢，只是随着阅历的增加，对事物的看法也有了变化，因此多行平和韬晦之事。这不是我不求上进，而是我的地位太高，名声太重，不这样做非常危险啊。

家规心得

人生之路是极其漫长坎坷的，总会遇到艰难险阻和不得势的时候，这个时候需要的不是自怨自艾，也不是停步不前，更不是坐等机会出现。首先应该保存自己的实力，然后积极为克服险阻和抓住即将出现的机会做准备。这就是人们常说的"韬光养晦"。等到积攒足够的实力后，一旦机会到来，就可以取得突破，甚至一鸣惊人，这就是所谓的"厚积薄发"。

人生在世，难免要与各色人等交往，与无处不在的危险相遇，陷阱与雷区更是防不胜防。保护自己的生命和事业，需要韬光养晦的智慧。

中国有一句老话说："性有巧拙，可以伏藏。"它告诉我们，善于伏藏是事业成功和克敌制胜的关键。所以曾国藩说："君子藏器于身，待时而动。"这句话的意思是说，成大事者有才能但不会轻易使用，而是要等待时机。时机不成熟的时候，必须像猎人一样耐心潜伏着，时刻不放松警惕，积极准备着，等待猎物的出现。

如果说"韬光养晦"是因，那"厚积薄发"就是必然的果了。韬光养晦正是为厚积薄发做的准备和积累。大凡成功者，不是一开始就高呼着"我要成功"的口号出现在世人面前的。冰心说："成功之花，人们只惊羡于它现时的明艳，然而当初它的芽儿，浇灌了奋斗的泪泉，撒遍了牺牲的血雨。"这实在是有着深刻的哲学道理的。

西晋著名的辞赋家左思，为了写就旷世名篇《三都赋》，花了整整十年时间。他为了写好《三都赋》，无论是吃饭还是睡觉，时时刻刻都在构思语言文字、思想内容和艺术境界。为了能够及时地把自己突发的灵感记录下来，他无论何时何地都不忘带着纸笔，一想到有什么好的句子，就马上记下来。

左思的韬光养晦也终于得到了必然的结果，《三都赋》语言华美、文笔流畅，无论在内容还是形式上，都取得了较高的艺术成就。一经问世，整个洛阳城为之轰动，大家竞相传抄，竟一时使得洛阳城的纸张变得供不应求，纸价暴涨，有名的"洛阳纸贵"这个成语就是由此而来。

所谓"台上一分钟，台下十年功"，很多成功者无不是默默地辛勤耕耘十年，才换得那一分钟的光彩的。所以，遇到了挫折没关系，还没有成功也没关系，只要你默默积累实力，不断增长知识，等到时机成熟，成功自然就会来找你。

家风故事

康熙计除鳌拜

康熙皇帝 8 岁即位，朝政由顺治皇帝的遗诏指定的四位辅政大臣主持。这四位大臣的权力是很大的，其中有一位老前辈叫鳌拜，欺负康熙帝年幼，又仗着自己掌握兵权，独断专横。有大臣和他意见不合，就会遭到排挤打击。

康熙 14 岁时，开始亲自主持朝政。另一个辅政大臣苏克萨哈和鳌拜发生了争执。鳌拜记恨在心，于是就勾结同党诬告苏克萨哈，并奏请康熙皇帝把苏克萨哈处死。康熙自然不肯，于是鳌拜就在朝堂上和康熙争执起来。康

179

第七章 温良待人：敦厚处世彰家风

熙很生气，但是此时的他虽然亲理朝政，手中却没有实权，只好暂时忍耐，把苏克萨哈杀了。

事情算是暂时平息了，但是康熙心中有了除掉鳌拜的打算。于是，他开始积极做准备。他派人物色了一批十几岁的贵族子弟担任侍卫，这些少年个个长得健壮有力。康熙皇帝让他们天天练摔跤。尽管鳌拜每次进宫都能看到这些少年吵吵嚷嚷在御花园里摔跤，但是并没有在意。

机会终于来了。一天，鳌拜奉命觐见康熙，康熙特意交代要他单独过来商量事情。鳌拜也不以为意，还像平常一样大模大样地走进来。突然一群少年拥了上来，围住了鳌拜，有的拧胳膊，有的拖大腿。鳌拜虽然是武将出身，可是这些少年人多，力气也大，又都是练过摔跤的，鳌拜敌不过他们，一下子就被打翻在地。

鳌拜就这样被抓起来了，康熙下令立刻彻底调查鳌拜的罪行。由于鳌拜平时树敌太多，又专横跋扈，擅杀无辜，罪行累累，应该处死。但是康熙却从宽发落，只把鳌拜的官爵给革了。除掉鳌拜也起到了杀鸡儆猴的作用，一些原来比较骄横的大臣再也不敢放肆了。

康熙皇帝为了除掉当时对自己威胁最大的鳌拜，并没有急于求成，他知道自己的实力还无法和鳌拜抗衡，所以积极准备，等待时机一到就一击即中，达到目的。

原 典 赏 读

【原文】

木秀于林，风必摧之；堆出于岸，流必湍之；行高于人，众必非之。

——《命运论》

【译文】

一棵树高出整个森林，大风一定会摧折它；土堆突出于岸边，急流一定会冲垮它；人的品行高于众人，众人一定会诽谤他。

家规心得

常言道："枪打出头鸟。"也就是说，不论是在生活中还是在职场中，越是喜欢锋芒外露的人，越容易受到攻击。因此，人要学会寓巧于拙，才不外露。

其实，真正聪明的人，真正有本事的人，尽管才华学识出众，却从不自作聪明、锋芒毕露，这也是城府深沉的表现。因为伪装会让别人忽略了你的力量，不把矛头指向你，这样你就少了很多麻烦。

相反，如果你一上来就猛打猛冲，凡事都抢着干，尽管你干得很好，但是你的出色表现，不仅得不到别人的赞美，还有可能引起别人的厌恶，甚至把你当作威胁，而想法"除掉"。

所以，适时地藏锋，让人认为你是无能的，以此消除他们的戒心。然而在必要时候，你就可以不动声色地先发制人，打他个措手不及，让其失败了还不知是怎么回事。这是兵家的计谋，也是处世的方略。试想，事事皆在人家的预料之中，你做人还有什么意思？就好比是武林高手过招，你出什么招，他都了如指掌，你还有获胜的可能吗？

总之，作为一个有才之人，不要处处表现自己、抛头露面、抢尽风头，记住，"木秀于林，风必摧之"，事事争强好胜并不是强者本色，藏锋露拙，韬光养晦才能更快到达成功的波岸。藏锋是一种处世智慧，是在竞争激烈的社会中获得更大生存空间的秘诀。

家风故事

善掩锋芒避免祸患

石羊先生同郁离子谈话时说："唉，世上有这样的事，你想掩盖，反而更显露；你想抑制，反而更发扬；你想掩蔽不公开，反而传播出他的名声，这不是很奇怪吗？"

郁离子叹了一口气说："你没见那南山上的黑豹吗?它刚生下来时，是浅黑色的样子，人们都不知道它是豹子。雾雨天七日不吃东西，为的是润泽它的皮毛而变成黑色的斑纹。斑纹变好了，却又想隐蔽，这是多么痴呆啊?所以悬黎美玉，藏在顽石中，并潜埋在幽深的谷底，它的寿命可以与天地共存;无故而放射出它的光，使人看到它而感到惊骇，于是人们就用锤凿把它的机关打开了。桂树扭曲成结，同栲栎的外形没有什么区别，但是人们带上砍斧寻找它，即使再远再险，人们也不怕找不到它，这是为什么呢?因为它（桂）的香味能传出很远。因此说，'要使人看不见它，就不要像黎明时那样明亮;想要使人不知道它，就不要像鸟叫那样发出声音。'所以鹦鹉由于能学人语而被拘禁，蜩蝉由于善鸣而被捕获;臭椿树因为味臭而免遭砍割，王瓜因为味苦而不被烹食。为何不把你的闪烁光彩遮蔽起来，而恢复你的昏暗呢?"石羊先生惆怅了好一会儿，说："可惜啊，我听到你的话太晚了啊!"

有长处则益于人

【原文】

天贤一人，以诲众人之愚，而世反逞所长，以形人之短;天富一人，以济众人之困，而世反挟所有，以凌人之贫。真天之戮民哉!

——《菜根谭》

【译文】

上天给予一个人聪明才智，是要让他来教诲解除大众的愚昧，没想到世间的聪明人却卖弄个人的才华来暴露别人的短处;上天给予一个人财富，是要让他来帮助救济大众的困难，没想到世间的有钱人却凭仗自己的财富来欺凌别人的贫穷。这两种人真是上天的罪人。

家规心得

每个来到这个世界上的人都是独特的，而且都会在某个方面有自己突出的地方，再经过后天的学习和培养，总会拥有别人不具备的某方面的特长，如果把这些特长和才能发挥在学习和工作中，一定能取得令人瞩目的成绩。这原本是好事，但是，有些人却自筹自己有过人之处，怕别人不知道自己多么有能耐，于是到处显摆；有的人仗着自己的才能，不把别人放在眼里，看什么都不顺眼，恃才傲物。

才华当然有助于一个人成就事业、创造辉煌，可是如果你不能完全控制它，它有时会变成你职业生涯中的拖累，能毁掉一个人的事业和前程。

有才华固然是好事，但是如果你觉得自己有某方面的才华就是多么了不起的事，更甚者以此才华到处招摇，不把别人放在眼里，那他迟早会因为自己不理智的行为而收到自己种下的苦果。

有才华固然是好事，但是要把自己的才华很好地发挥出来，还需要有发挥的环境和条件。所以，要学会谦虚，学会和周围的人相处，这样才能赢得他人的好感。

家风故事

许攸之死

许攸原是袁绍的谋士，官渡之战时，由于袁绍不采纳他的正确建议，并且当众羞辱他，许攸不得已投降曹操。此后，许攸屡立大功。他替曹操出谋划策，使曹军先后打败了袁绍和袁尚。但就是这样一个有大功于曹军的人，却被曹操的贴身侍卫许褚杀害。许褚杀许攸，事出有因。

就在曹军攻克冀州后不久的一天，许攸骑马进入冀州城东门，正好遇上许褚。许攸召呼许褚过来，先是自我炫耀一番，说夺取冀州是自己的功劳，在遭到许褚严词反驳后，他竟大骂许褚。许褚一怒之下，拔剑将许攸杀死了。在这里，许攸居功自傲，目中无人，污辱大将，自取其祸。许攸没有意

183

第七章 温良待人：敦厚处世彰家风

识到，个人只是团队的一分子，个人的力量是十分有限的，要想成就一番事业，必须依靠集体的共同努力。如果没有像许褚等一大批能征善战的优秀将领，即使许攸的谋略尽善尽美，曹军也不可能取得战斗的彻底胜利。摆不正个人与集体的关系，个人英雄主义盛行，这是许攸的致命弱点。

除此之外，许攸因自己和曹操是儿时的好朋友，说起话来口无遮拦，毫无顾忌。他讲曹操是奸雄，大庭广众之中直呼曹操乳名，弄得曹操十分难堪。对于这一点，甚至连曹操身边的将领们也纷纷替曹操打抱不平。久而久之，曹操对许攸越来越厌恶，尽管公开场合表现得十分大度，但私下里一定十分忌恨。作为曹操的贴身侍卫，许褚显然是知道了曹操对许攸的态度，才敢断然对许攸下毒手。因为许褚绝不是一介武夫，他不会蛮干。在挡驾曹仁时，许褚表现出了他非凡的智慧。当时，曹操准备征讨东吴和西蜀，就派人将驻扎在外地的曹仁、夏侯惇通知回朝，以便征求他们的意见。曹仁回来时已是深夜了，此时，曹操因酒醉已入睡，许褚执剑在卧室门前警戒。曹仁就要入内，却被许褚挡住。曹仁大怒，说自己是曹氏宗亲，许褚无权挡驾。许褚回答说："将军虽亲，乃外藩镇守之官；许褚虽疏，现是内侍。主公醉卧堂上，不敢放入。"结果将曹仁硬是拦在门外。曹操知道后，连夸许褚是忠臣。许攸不懂得君臣之礼。在家是朋友，在外是君臣，臣子就得对君主尽忠尽勇，毕恭毕敬，这丝毫容不得半点含糊。许攸怠慢曹操，是许褚杀死许攸的深层原因。

好钢用在刀刃上

【原文】

射人先射马，擒贼先擒王。

——杜甫《前出塞》

【译文】

用弓箭射击敌人时一定先射敌人的马，要想击溃敌人最好先擒获敌人的首领。

家 规 心 得

做事情要善于抓住问题的关键，解决了主要矛盾，小问题也就迎刃而解了。生活中的许多问题看起来都好像是千头万绪，无从解决。实际上，任何问题的解决都是有章可循的，抓住了主要的脉络，即使千丝万缕也能理出头绪，顺利解决。

家 风 故 事

张辽擒贼先擒王

抓住了事物的本源，就抓住了解决问题的关键，在军事上，"擒贼先擒王"，就意味着抓住了战争胜败的主动权，汉将张辽就是这样做的。

张辽，字文远，雁门马邑人。汉末，张辽追随董卓转战南北。董卓死后，张辽转投吕布门下。曹操在下邳击败吕布后，张辽率众投降，被任命为中郎将，赐爵关内侯。之后他屡立战功，升任裨将军。

张辽与夏侯渊一起将昌豨围困在东海，几个月后军粮开始告急，但东海仍没有被攻克。众将认为应该撤军，张辽对夏侯渊说："几天来，每次巡视防线时，总发现昌豨目不转睛地看着我，而且他们的箭矢比以往稀疏了不少。我猜测昌豨一定是犹豫要不要投降，所以抵抗的力度才减弱了很多。我去套他的话，说不定会有意外收获。"

于是张辽派人告诉昌豨："曹公有话说给昌将军听，让张辽带来了。"昌豨果然出来，张辽劝说道："曹公英明神武，德怀四方，先归附的人会受到奖赏。"昌豨当即表示愿意投降。接着张辽只身登上昌豨据守的三公山，并前往昌豨的家中拜访。昌豨非常高兴，便跟着张辽去谒见曹操。曹操遣昌豨回去，并责备张辽说："你这样做太危险，不是大将的做法。"张辽解释道："我凭赖的是明公威震四海的信义，且奉天子之命前去，昌豨必定不敢加害于我。"

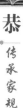

随后，张辽奉命进攻袁谭。打败袁谭后，张辽又派军巡查海滨，击败了辽东的柳毅。回到邺都时，曹操亲自出迎，并和张辽共坐一辆车，随即又任命张辽为荡寇将军。

当时，荆州还没有平定，曹操派遣张辽屯兵长社。临行前，军中出现叛乱之人，夜间四处纵火，整个军营陷入混乱。张辽对随从说："不要惊慌。现在不是整个军队造反，而是几个作乱的人试图搅乱全军。"张辽传令军中，凡是没有造反的人一律安坐下来。张辽领着几十个贴身侍卫站在军营之中。不一会儿，军营安静下来，张辽轻而易举地斩杀了为首作乱的士兵。

曹操征讨孙权回来后，派张辽、乐进和李典等人率领七千余人屯兵合肥。当征讨张鲁时，曹操把一封信交给了护军薛悌，信封边沿写有："敌军到了再打开。"不久，孙权率十万大军围攻合肥，薛悌等人打开信封，只见信中写道："倘若孙权来的话，张辽、李典出战，乐进守城，薛悌不得参战。"

诸将都疑惑不解，张辽说："曹公现在远征在外，等他发来救兵，孙权肯定早已把我们灭了。这封信就是告诉我们，趁敌军还没有站稳脚跟，先打它个措手不及，既挫了孙权的锐气，也稳定了军心。接下来，就可以守好合肥城了。成败之机，在此一战，你们还有什么疑虑呢？"李典的意见和张辽相同。于是，张辽连夜招募八百个敢死之士，然后杀牛慰劳众将士，为第二天大战做准备。

第二天清晨，张辽身披铠甲，手持长戟，率先攻入敌阵，连杀数十人，砍倒两员吴将。同时，张辽大声喊着自己的名字杀入吴军营垒，直奔孙权而来。孙权大惊，随从更是惊慌失措，纷纷跑到高冢之上，围成一团。张辽要孙权下来应战，孙权起先不敢回战，后来发现张辽的人数不多，就命令吴军把张辽团团围住。张辽左突右击，勇往直前，终于将重围撕开一个口子，率领麾下的几十人突围出去。

这时，仍陷在围困中的敢死之士大喊："将军不要我们了吗？！"张辽听到后，再次杀入重围，将他们解救出来。孙权虽然人多势众，然而没有一个能挡住张辽的突击。战斗从早上一直持续到中午，吴军丧失了战斗气势，毫无招架之力。孙权攻打了合肥十几天，发现张辽并不容易对付，只好率军退去。张辽率军穷追不舍，几次差点活捉孙权。通过这次战役，曹操更加推崇张辽，任命他为征东将军。

后来，孙权臣服了曹操，张辽回兵驻守雍丘。此时，张辽染上疾病。孙权再次反叛，曹操派张辽乘舟，与曹休一起到海陵，驻防长江。孙权非常忌惮张辽，告诫诸将："张辽虽身染疾病，可是他仍然势不可当，和他作战时，一定要小心谨慎！"这一年，张辽与诸将合力击败孙权的部将吕范。后来，张辽病重，死于江都。

《孙子兵法·势》有："以利动之。"用小利引诱敌人。张辽告诉昌豨率先归附的话可以受到赏赐，昌豨听后果真投降。《孙子兵法·军争》篇有："以静待哗。"以自己的镇定来对付慌乱。张辽稳居军中，从而平定了军中的叛乱。《孙子兵法·军争》篇有："三军可夺气。"可以挫伤敌人三军的锐气。张辽趁孙权尚未站稳脚跟时发动突袭，打击了吴军的嚣张气焰。

严于律己慎于行

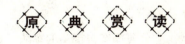

【原文】

　　人之过误宜恕，而在己则不可恕；己之困辱宜忍，而在人则不可忍。

　　　　　　　　　　　　　　　　　　　　——《菜根谭》

【译文】

　　别人的过失和错误应该多加宽恕，可是自己有过失错误却不可以宽恕；自己受到屈辱应该尽量忍受，可是别人受到屈辱就要设法替他消解。

家规心得

关于立身处世的道理，古圣先贤认为要严于津己，宽以待人。严于津

第七章　温良待人：敦厚处世彰家风

己，可以不断提高自己的修养水平；宽以待人，则不但可以赢得尊重和友谊，还能不得罪人，不会给将来埋下隐患。凡事多为别人设身处地地想一想，就不会对人刻薄责备，这样能使对方知错就改，同时又会对你心怀感激。这实在是一种为人处世的大智慧。

家风故事

曹孟德严律治军

曹操的一生虽然有过不少罪过和错误，但不失为我国历史上一位杰出的政治家和军事家。他统一了中国北部，对结束汉末以来长期混乱残破的局面，恢复和发展中原地区的经济文化，起过积极作用。曹操的成功，和他善用谋略、恪守恕道有直接关系。

建安二年，曹操发兵征讨张绣，张绣先降后叛，曹军被打得大败，曹操本人也受了伤。在溃退途中，曹军的纪律十分混乱。独有大将于禁所率残部几百人，边战边退，虽有伤亡，队伍不乱。

路上有十几个难民，赤裸着身体，遍体伤痕，见到于禁的队伍过来，慌忙躲避。于禁止住他们，上前询问。难民们大着胆子说："一伙青州兵，剥了我们的衣服，抢了我们的包袱，还打了我们。"

于禁一听，十分愤怒。他想：青州兵是主公曹操亲自带领的军队，竟敢拦路抢劫，这不是败坏曹公的名声吗？于是他严厉地责罚了青州兵，又杀了几个为首的示众。

于禁刚回到营地，就听说青州兵在曹操那里告了他的状，说他责打士兵，并随意杀人。但他没有急于去申辩，而是指挥手下的将士抓紧时间修筑营垒。直到晚上，看看坚固的营垒筑成了，把巡哨守营等事布置妥当，他才去拜见曹操。

曹操见于禁来到营帐，就满脸不悦地问道："听说你早已回到营地，为何不早来见我？"

"张绣之兵离我不远，壁垒不坚，怎敢擅离职守？"

"于将军为修营筑垒，迟来禀报军情，我不怪你。可你为什么杀了我的青州兵？"曹操忽然转了话题。

"回禀丞相，军法不严，乱兵难止。我杀人是为了制止抢劫。"于禁理直气壮地回答，并把青州兵途中抢劫的事从头至尾讲了一遍。曹操听完，十分赞赏于禁的做法，并且沉痛地自责说："此次败于张绣，怪我平时治军不严。我认为青州兵随我起事，跟我转战多年，又多有战功，难免有所袒护。没想到竟发生了今天这样的事。真是深刻的教训啊！"曹操立即召集众将领，表彰于禁严于治军的精神，检讨自己治军不严的过错，要求众将对部下要严加管束。

鉴于这次失败和于禁军纪的严明，曹操感到要建立一支攻无不克、战无不胜的军队，必须有严明的军纪，而且一定赏罚分明。于是，他陆续颁布了各种军令、战令，并且向全军宣布，不论什么人，连他自己在内，谁违犯了律令，都要受到严厉的惩罚。可是，谁会想到，曹操竟触犯了自己颁布的军令，这该如何处置。

那是建安三年四月，第三次讨伐张绣时发生的事情。当时正是麦熟时节，百姓见大兵拥来，全都四外逃避，不敢下田割麦。曹操当即下令："全体将士不得骚扰百姓，所过麦田，不得践踏，违犯者一律斩首！"

命令一下，军兵个个小心，经过麦田时，都下马缓行，用手扶麦，一个接一个地传递而过，没有人敢任意践踏。曹操当然也是倍加小心。

来到大路上，曹操上马，正行走之时，麦田里突然惊起一只斑鸠，撞在曹操所乘战马的头上，那马受到惊吓，窜入麦田之中。曹操紧勒缰绳，但已经踏倒了一大片麦子。他立即叫来行军主簿，让他拟定自己践麦之罪。主簿说："明公是国家丞相，一军之主，怎能定罪。"

曹操说："我定的军令，我又违犯，不治罪，凭什么服众？"说完拔出佩剑，就要自刎。众人急忙上前制止。曹操沉吟良久，说："大敌当前，我身为主帅，暂免一死。"话音刚落，挥剑割下一绺头发，扔到地上，说道："割发权代首。"古时割发称为髡刑。曹操派人带着头发传示三军："丞相践踏麦田，本当斩首号令，现在割发以代。"

严于律己勇于自责，才能服众，才能取得事业的成功，这就是曹操割发代首留给我们的启示。

第七章—温良待人：敦厚处世彰家风

先付出后收获

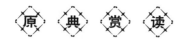

【原文】

将欲取之，必先予之。

——《道德经》

【译文】

想要夺取它，必须暂时给予它。

家规心得

要想得到什么，注注先要付出什么，这就是付出才会有收获的道理。但是现实中的人们常常忽略了这个道理。在社会的每个层面，人们想到的似乎是只有得到什么：贪官无休止地收获着贿赂，而忘记了自己本职的工作应该是默默无闻地为人们付出；职场的小职员无尽地抱怨着工资为何还不上涨，却从来没有思考过到底为公司做了什么……想要得到的时候还是先给予吧，这才是正常的逻辑顺序，否则本末倒置，不但不会收获，反而连给予的机会都会丧失掉了。

家风故事

李光耀：欲想得到，必先付出

李光耀出生于新加坡一个说英语的华人家庭，祖籍广东，从小就接受英语教育。1959 年新加坡取得自治地位，李光耀出任总理。1990 年李光耀辞去总理职务，但是留任内阁资政。

李光耀不仅治国有方，教子也一样有他的独特之处。

李光耀一生从事政治，所做出的成绩无数，所以，他受到人们的崇敬与爱戴。对于自己所拥有的一切，他并不认为都是理所当然的。他对自己的子女说："因为我一直在不断地付出，所以我才会收获别人对我的爱以及他们给予我的物质和权力。"

李光耀家里物质生活丰裕，但他却主张让孩子养成俭朴的生活习惯。他认为，如果家里条件富裕，就会养成衣来伸手、饭来张口的陋习，那么孩子们必定会失去创造和奋斗的动力，失去自强自立的精神。孩子们想要得到什么，父母应该让他们付出相应的努力，而不是任其予取予求。

有一次，李光耀的儿子想要一个玩具车，他希望自己生日那天父亲能送一个给他，但是李光耀却拒绝了。儿子觉得父亲实在是太小气了，感到非常伤心，便找到母亲。李光耀的妻子认为平时可以对孩子们要求严一些，但是一个人一年也只有一次生日，做父母的送一个孩子想要的礼物也不为过，况且儿子的要求也不是很高，没有必要太过于坚持原则而惹得孩子不高兴。

妻子找到李光耀，将自己的想法对他说了。可是李光耀仍然很坚持地说："生日也不得例外。如果他知道自己生日可以获得特权，以后他需要什么东西都可以在生日那天向我们索要，那不是更加纵容他了吗？"

李光耀找到儿子说："你想要个玩具车，没问题，我可以买给你。"儿子以为父亲妥协了，非常高兴，可是李光耀接着说道："但是有一个条件，你不能白白得到你想要的东西而不付出什么，这对你我来说都是不公平的。如果你这次考试能拿到前三名的话，我将兑现我的承诺；如果你考不到前三名的话，你将得不到任何一件礼物。要知道，你想要的东西是需要你去付出努力争取来的，而不是靠一句话就可以随便得到的。"

儿子本来高兴的心情一下变得有些担心起来，因为他的成绩一直以来都只是处于中等水平，要在生日前赶超至班里的前三名，确实有些困难，但是一想到心爱的玩具车，儿子别无他法了，只得硬着头皮答应了父亲的条件。

为了让自己的成绩能有很大的进步，儿子放弃了很多玩耍的时间，上课更用心了，一回家就把自己关进书房埋头苦学。功夫不负有心人，在接下来的测验当中，他考了第二名。拿着这段时间自己拼命学习的成果，儿子别提

第七章 温良待人：敦厚处世彰家风

有多开心。当然，在生日那天，他如愿地得到了父亲李光耀送给他的心仪已久的玩具车。

因为这个玩具得来不易，儿子也分外珍惜。同时，在这件事中，他也深刻地明白了父亲的良苦用心，从此以后更加用心地对待自己的学习与生活了。

善于听取忠告

【原文】

良药苦口利于病，忠言逆耳利于行。

——《史记·留侯世家》

【译文】

药虽然是苦的，但是有利于疾病的治疗。忠实的劝告往往都是不喜欢听的，但是却对行动有好处。

家规心得

有道是"当局者迷，旁观者清"，别人的劝谏可能是千金难买的能使自己决胜于千里之外的"奇招"，因此，我们要善于听取别人的劝谏。

掀开中国历史的重重帷幕，一个个发人深省的事例浮出了岁月的烟尘，昭示着后人。假如当初商纣王能听比干的良言，又何至于落得个国破人亡的下场？假如当初蔡桓公能听从扁鹊的劝谏，又何至于落得个病入膏肓的结果？假如当初吴王夫差能听取伍子胥的逆耳之言，又何至于使国家走向末日？话又说回来，如果当初秦孝公不听取商鞅之谏而变法，又哪能称雄于六国？如果当初齐威王不听邹忌之谏，又怎能使他国臣服于齐国？如果当初唐太宗不听取魏征的逆耳忠言，又哪能出现"贞观之治"的太平盛世？综上所述，不难看出，只有善于听取别人的劝谏，才能取得成功。

人们在听取劝告的时候，关注的往往不是劝告本身，而是进行劝告的人。有的人简单的一句话，他便奉若圣旨、深信不疑，哪怕与事实相反他也会不惜扭曲事实以期和他所信奉的人的话相符；而对另一部分人的发言则没有这么好的心情了。这是不可取的，我们在听取劝告的时候一定要从事理出发，而不能因人而异。

善于听取忠告

春秋时期，干戈纷争，弓马追逐。中原地区成了齐、晋、秦、楚等国称霸争雄的舞台。到了春秋末期，一直默默无闻的吴国突然崛起。而到了吴王夫差初期，吴国更是国力强盛。它南伐越国，使越王勾践称奴于宫中，北进中原，胜齐于艾陵，国力不可一世。就在吴王夫差踌躇满志、飞扬跋扈的时候，勾践从背后一剑，使这个不可一世的强国遭到彻底覆灭的下场，吴王夫差衔恨自刎，扮演了一个不光彩的亡国之君的角色。

公元前496年，吴王阖闾与越王勾践领兵会战于李（今浙江嘉兴南），勾践击败吴军，阖闾受了刀伤，死在回军的路上。吴王阖闾死后，其子夫差继承了王位，他安排足智多谋的老将伍子胥当相国，加紧操练兵马。他打定主意，要用两年的时间做准备，然后伐越，报杀父之仇。

两年之后，夫差倾国内全部精兵，走水道直攻越国。越王勾践骄傲轻敌，结果被吴军打得大败，而他自己也不得不做了阶下之囚。幸好大夫范蠡献计，与吴王求和，暗中请吴国太宰充当说客，才得以保全身首，为此后的灭吴打下了基础。

吴王夫差围困越王勾践于会稽山上后，本该一举灭越，以除后患，可他听信太宰伯嚭的谗言，允许越国求和，而视自己的前途于不顾，只想的是越国的美女、财宝。伍子胥苦口相谏，明以利害，夫差还是不听。

越王勾践夫妇及大夫范蠡到了吴国后，被安排在夫差其父阖闾坟旁的石屋里看马。勾践身穿破服，蓬头垢面，整日不停地干着，不说一句怨言，不

第七章　温良待人：敦厚处世彰家风

193

露一丝怨恨。夫差看在眼里，喜在心上，认为越王早已断绝了回乡之念，磨灭了复国之志。渐渐地，夫差对勾践等三人产生了怜悯之心，再加上有人在一旁怂恿，于是就想放他们回国，经伍子胥上谏才停止下来。但不久，夫差闹了一场病，吃了不少药，可病情却没有起色，勾践知后托伯嚭传话，想去看望夫差，以尽孝道。夫差同意后，勾践到了夫差内房，恰赶上夫差大便，勾践亲自送夫差大解，且把夫差的大便放在嘴内咂了几咂，然后给夫差叩头道喜，说他不日即会康复。没几天，夫差果真病好。这下感动了夫差，决定送勾践回国。吴王夫差五年，夫差亲自送勾践一行离吴返国，临行依依恋恋，竟不知是放虎归山。

勾践归国后，立即着手政治改革，采取了一系列富国的措施，自己却卧薪尝胆，以激励不忘在吴时受的苦楚，同时继续给夫差送美女以迷惑他。

吴王夫差得到美女西施后，整天花天酒地不理朝政，而且自认为国富兵强，天下无敌，时时想北进中原，做一代霸主。夫差十二年，他决定伐齐。伍子胥知道后，数次进谏，夫差都不听。他感到吴国已到了生死存亡的紧要关头，决心强谏夫差先灭越国，再图别的打算。

一天，伍子胥硬闯吴宫，对夫差谏道："越国才是我们的心腹大患，今天大王不灭越国而去伐齐，岂不是千里劳师去治那些不足道的'小毛病吗？'"接着，伍子胥又指出，若不赶快灭越，"吴国迟早要被越国所灭"，夫差根本听不进伍子胥的规劝，发兵攻齐，战于艾陵，以败齐而结束，但是吴国也受到很大损失。

一天，吴王夫差在姑苏台摆庆功宴，伍子胥未到，夫差命人去招来。伍子胥到宴后，只是冷冷地站在一旁，夫差很是生气，以话相讥，伍子胥还口说："夫差独断专行，这是吴国要亡的先兆。"夫差对伍子胥的这种不吉利的话特别动怒，指责伍子胥对不起先王的嘱托，伍子胥大义凛然地说他不该当初扶持夫差即王位，致使吴国江山毁在夫差手里。夫差气得脸色煞白，从侍卫那要过一把剑扔到伍子胥跟前，令其自绝。伍子胥接剑在手，对天呼道："昏君不听谏，反赐老臣自尽，恐怕吴就要灭亡了。我死之后，你们可以把我的双眼剜下，挂在城门上，我要亲眼看着越人是怎样杀进吴都的。你们等着吧，用不上三年，吴国就要完了！"说完以剑加颈，壮烈自刎。

伍子胥死后不久，吴王夫差又倾全国兵力北上黄池，强迫几个小国同意他做"盟主"。就在这时，经过二十年准备的越国，趁机杀进吴国，吴都危在旦夕。

消息传到黄池，夫差星夜赶回吴国，国内已被越军洗劫一空，积蓄的军备物资丧失殆尽。夫差只好放下盟主的架子和越国求和，而越还没有灭吴的力量，正好趁机向吴国勒索大量的财物。

三年后，吴国遭到一次严重旱灾，赤地全国，饿殍遍野，府库、私仓都空空如也。越王勾践认为灭吴的时机已成熟，决定集全国力量同吴决战。

吴王夫差十八年，两军会于笠泽（今江苏苏州市南）。越王勾践采用分兵之计，调开吴军主力，然后大军直扑夫差中央阵地，一战成功，夫差逃脱，固守都城姑苏。吴王夫差二十一年，姑苏被围。而夫差仍整日寻欢作乐，以烈酒浇愁，以女色解闷，以杀人泄愤，最终被越国所灭。

切忌随意炫耀

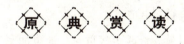

原 典 赏 读

【原文】

智极则愚也。

——《止学》

【译文】

过于聪明就是愚蠢了。

家 规 心 得

智谋的运用，讲究的是恰到好处和适可而止，在特定时期，不用智谋也是智谋之一。人们若是一味玩弄聪明，片面追求极致，其结果势必会作茧自缚，为自己的小聪明付出沉重的代价。智谋最忌滥施和张扬，如果一个人处处工于心计和不加掩饰，便会令人侧目，严加防范，其智谋的出奇性和有效性也就大打折扣了。弄巧成拙，反受其害的事最易由此产生，实则有违初衷。

家 风 故 事

杨骏的愚蠢

晋武帝时，杨骏以国丈的身份把持朝政，声势显赫。

杨骏为人奸诈，凡事营私，为了永保权势，他上台伊始便拉帮结伙，排挤和打击不屈从于他的人。他为此还得意地对他的两个弟弟杨珧、杨济说："古时智者谋事在先，我们兄弟要权位永固，岂能无所作为？趁皇上宠信我们，任用自己人是最要紧的。若是满朝文武皆为我党，我们还用怕什么风吹草动吗？"

杨珧、杨济颇有见识，他们对哥哥的做法不以为然，杨珧忧心地说："兄长处心积虑，未免有些过头了。兄长的智谋虽是高妙，然人人得见，路人皆知，当大违智谋的本意。现在兄长如不另取他法，只怕招人怨恨，于事无补啊！"

杨济在旁也说："人心向背，绝不是智计所能赚取的。兄长若能礼贤下士，赤诚待人，自会有其奇效，否则只会自讨其辱。"

杨骏刚愎自用，对兄弟的劝谏嗤之以鼻。晋武帝病重时，他更加紧了排斥异己的步伐，一些有威望的大臣都被他撤换了，而大批亲信被杨骏安插进朝廷。

杨骏的做法惹来众怒，被罢斥的大臣纷纷弹劾杨骏。晋武帝病情略有好转，知道这件事后十分震怒，当面斥责了杨骏，又诏命汝南王亮和杨骏共同辅政，以分杨骏之权。

杨骏十分害怕，急找来亲信商议对策。他惊慌地说："这是个凶兆，谁知皇上明天又会怎么样对付我呢？"

他的亲信中有人便说："一不做，二不休，大人若能将诏书压下，就无人知晓此事了。皇上危在旦夕，只要渡过眼前难关，大人还有什么可怕的？"

杨骏于是从中书省把诏书借出，藏匿起来，拒不交还。晋武帝两天后病又加重，此事便无人敢追究了。晋武帝不久即死，杨骏侥幸保住了富贵。

经过此事，杨骏得意忘形，更不把继位的惠帝和众大臣放在眼里。他日夜盘算如何整治他人，往往心血来潮便违反常制，大树亲党。杨珧、杨济这时又劝阻他说："兄长唯恐算计不到，岂不知这才是最大的失策啊。兄长担负国家大任，当以情动人，以理服人，怎可一味徇私枉法呢？一个人的智力终是有限的，你这样对待天下人，天下人自会这样对待你，如此，兄长怎么会有胜算？"

杨骏十分讨厌弟弟的言辞，他怒气冲冲地对他们说："身处显位，焉能无智无计？我只怕智谋不多，又何谈当止呢？别人算计于我，难道我也要坐以待毙？"

杨骏自知众望难孚，于是想出大开封赏这一招来，以便讨好众人，收买人心。冯翊太守孙楚和杨骏私交甚密，他诚恳地对此表示了异议，他说："你的这个方法初衷是好，可若实行起来就是自招祸端了。你以外戚的身份握权辅主，自该谦逊待人，以释人疑，怎能擅作封赏，有违礼仪呢？你不和皇族宗亲协理国事，任人唯亲，已遭天下人非议，再这样任性而为，恐不是什么好事了。"

杨骏自以为得计，坚持施行封赏，结果有功受封者不感其恩，无功受封者难服众心，没有受封者更是对他增加了怨恨。殿中中郎孟观、李肇因对杨骏不满，便向贾后诬告杨骏要篡夺皇位。贾后早有干预政事之心，借此就和汝南王亮、楚王玮勾结一处，发动了兵变。杨骏逃到马棚里被人杀死，他的党羽也被诛杀，死了几千人。

第七章 温良待人：敦厚处世彰家风

处世眼光应长远

原 典 赏 读

【原文】

水曲流长，路曲通天，人曲顺达。

——《处世悬镜》

【译文】

流水弯弯曲曲，源远流长；道路曲曲弯弯，通向远方；为人能屈能伸，就能顺利通达。

家规心得

做人要将眼光放得长远，不要只局限于眼前的利益。因为生命不断延续，日子还很长，就像流水一样，源远流长；就像道路一样，没有尽头。所以，凡事要多想一想，学会给自己留下亲情的后路、友谊的后路，还有事业的后路……不要在矛盾纠纷时置人于死地，俗话说，退一步海阔天空，那就退一步吧，为了长久的平和和幸福。

看待事情，眼光要放得长远一点，这样才不会被眼前的利益所诱惑，不会被眼前的境况所牵绊。

家风故事

王翦眼光长远大败楚军

秦国嬴政扫灭韩、赵、魏诸国，欲兼并六国统一全国，当时只有楚国算得上唯一的劲敌。他谋划伐楚，问计于文臣武将，李信说用兵20万足可破楚。他又问老将王翦，王翦说20万人攻楚必败，非60万人不可。

秦王以为王翦不如李信壮勇，于是拜李信为大将，率兵20万伐楚。李信出兵攻下楚国数城，但不久就遭遇楚军伏击，丧师败绩。秦王这才再拜王翦为帅，领60万大军伐楚。

秦王嬴政集聚大军，亲自为王翦奉酒送行，千叮万嘱说："老爱卿啊，这次伐楚重振我大秦威仪的希望，就全寄托在您身上了。上次草率出兵，我没有听您的忠言，致使李信损兵折将，请您原谅。今老爱卿识大体，顾大局，体谅孤王的难处，能够慨然率兵伐楚，孤王也一定不负爱卿，安排好大军的器械粮草，在咸阳等待你的捷报！"

秦王乘马送行，走了很远，王翦再次拦驾劝他回宫说："老臣为大王开疆拓土，荡平天下，这是武将的本分。千里送君终有一别，请大王放心回宫吧。"

王翦与秦王在霸上长揖而别，统领大军60万人直入楚境。曾经大败秦军的楚将项燕守东冈以拒秦兵，见秦军势众，遣使驰报楚王添兵助将，聚集40万精兵严阵以待。然而，王翦却把大军屯驻在汝阳天中山下，连营十余里，高筑营垒，坚壁固守。项燕一日数次派兵到秦军营前叫阵挑战，秦军高悬免战牌，就是不予理睬。

一连数月，王翦闭门不战的情况传到秦国咸阳，于是有人在秦王面前责备王翦怯敌畏战，应换将易帅。秦王不为之动摇，相信王翦自有破敌之策。这时，就连楚国大将项燕也以为王翦名虽伐楚，实为自保，于是渐渐地放松了防御。秦军营内，每天都在杀牛置酒，王翦亲自与士兵饮宴。将吏感恩，屡次请战，他都用醇酒灌他们一醉。

这样，众将士吃饱喝足闲着无事，纷纷投石练箭，舞刀弄枪比赛武艺。数月下来，秦军士兵养得个个健壮，练得人人武艺不凡了。忽然有一天，王翦又安排了盛宴，对将士们说："我与诸君今日破楚，你们同意吗？"众将士摩拳擦掌，自告奋勇。王翦选骁勇有力者两万人为主力冲锋军，又布置了几路军队策应，一一布置完毕，立即下令出战。

秦兵养精蓄锐多日，无不以一敌百。楚兵长期挑战，人疲马乏，不防秦兵突袭，仓皇迎敌，一战即溃不成军。项燕败退永安城整军再战，又遭惨败。秦军乘胜追击，攻下西陵，荆襄大震。王翦传檄湖南各郡，宣布秦王威

199

第七章——温良待人：敦厚处世彰家风

德，又率大军直捣楚都俘虏了楚王。项燕又立昌平君为楚王，企图复国，终因大势已去，引剑自刎而死。

优孟借葬马谏楚庄王

春秋时期的楚庄王以爱马而闻名，他命人为自己养了好多马。其中有一匹楚庄王最心爱的马。他竟给它穿上五彩缤纷的锦衣，养在富丽堂皇的屋子里，拿切好的枣干喂它，睡在有帐幕有绸被的床上。可惜，这匹马越来越胖，享了没多久的福，就四腿一蹬断了气。楚庄王伤心至极，对大臣下令说："你们快去找天下最好的棺材把它装进去，外面还要再套上一口好棺材，要用大夫的礼仪埋葬它。"

左右的大臣觉得这事过于荒谬，纷纷劝阻道："大王，怎么可以把对大官的礼仪用在畜生身上呢？"楚庄王脸一沉，训斥道："谁敢再来劝我不要厚葬马，我就杀死他。"群臣听了这番话后一个个缩着脑袋，不敢再吭声了。

这时，优孟忽然失声痛哭起来。楚庄王奇怪地问："你哭什么呀？""我哭马呀！"优孟边哭边说："这匹马是大王最心爱的，凭着楚国这样伟大而又富裕的国家，我们有什么样的事办不到呢？只用大夫的礼仪来埋葬它，还是太亏待它了。我看应该用君王的礼仪来埋葬它才对呀。"

楚庄王饶有兴趣地问："怎样用君王的礼仪来埋葬马？你且说说看。"

优孟答道："臣请求用雕刻花纹的玉做棺材，外面再套上木头做成的大棺材。派武士挖掘坟墓，让老人和儿童来背土。供给它的祭品要用最上等的东西，还要请各国的使者来吊唁它。诸侯听到了这件事，就都知道大王轻视人而重视马了！"

楚庄王听到最后才明白，优孟哪里是在哭马，这分明是在用巧妙的语言来讽刺自己太看重马啊。楚庄王意识到自己错了，叹了口气说："难道寡人的过错，竟到了这种地步了吗？你觉得该怎样处置这匹马呢？"

优孟见楚庄王已经有所悔悟，便接着说："请大王把这匹马以六畜之礼来埋葬，在地上挖个土灶作为棺木的外套，用铜铸的大鼎作为棺木，用姜、枣、粳米为祭品，用大火把它煮熟煮烂，最后埋葬在人们的肚皮里，这就是最好的处置办法。"

楚庄王被优孟诙谐的话语逗得哈哈大笑。当即传令把马交给了主管膳食的人。从此以后，楚庄王再也没有犯重畜轻人的错误了。

宁让人，勿使人让我

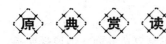

【原文】

宁让人，勿使人让我；宁容人，勿使人容我；宁亏己，勿使我亏人。此君子之为也。

——《处世悬镜》

【译文】

宁可礼让他人，不要让别人对自己礼让；宁可包容别人，不要让别人来包容自己；宁可自己吃点亏，也不要亏欠他人。这些都是君子的行为。

家规心得

在个人权益越来越受到尊重的时代，吃亏似乎是不可能的事情了。然而我们在保护自己权益不受侵害的同时，吃亏的思想还是要有的。这里所谓的吃亏并不是任人宰割还非常高兴地接受，而是不要在小事上斤斤计较，要有一颗宽大的心，这样对人对己都会有好处，既避免了争吵，又避免了生气。事事处处想要占便宜的人，注注占不到便宜，反而影响了自己在他人心里的形象。人与人之间只有不怕吃亏，才会和谐相处。

有时候暂且的吃亏是为了以后的胜利。总之，吃亏便是不与人计较，以一颗宽大的心包容所有的事情，就会赢得人们的尊敬。

曹操弃马诱敌夺胜利

曹操收服关羽以后，待之若上宾。在与袁绍大军交战中，袁绍部将颜良出战，连斩曹操两员大将。此时关羽出战，几个回合把颜良斩首，为曹操解了白马之围。曹操大喜，正收兵后撤，忽报袁绍大军又来报仇，领兵的是袁绍手下名将文丑。曹操立即传令，以后军为前军撤退，退时粮草在前，军队在后。

众将官、谋士们疑虑重重，不同意把粮草放在前面，但曹操坚持己见。于是曹军驮着粮草负重的马队沿河堑至延津一带，一路行进。曹操亲自在后军指挥，忽听前军大喊大乱。原来是文丑大军冲杀过来，曹军前面的押粮军大乱，军队士兵们纷纷抛弃粮车，四散奔逃。

曹操见此情景并不着急，他随意用马鞭指着一个山坡说："此处可以暂时避一避。"曹军人马一齐奔向土坡。曹操又命兵士们解除甲衣，卸下马鞍，将战马放到土坡下面。

这时文丑军队乘机夺得大批粮草辎重，又见战马遍野，马上下令军士们抢马。兵士们听后马上四散抢马，霎时间人仰马翻，文丑大军乱了套。这时曹操命军队乘机杀出，文丑军已召集不起来，文丑只得带领数人仓促迎战，被关羽一刀斩于马下。曹操指挥全部人马冲杀，把文丑军杀得落花流水，又把丢失的粮草、战马如数夺回。

此战中曹操弃马，看似吃亏的举动，实则是曹操的谋略，引敌上钩，再乘其乱，一举反攻。当下我们要明白：暂且的吃亏，是为了以后的胜利。

刚柔相济道中庸

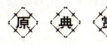

【原文】

柔舌存而坚齿亡，何也？以柔胜刚。

——《处世悬镜》

【译文】

年老时，人的柔软舌头尚在，但坚硬的牙齿却脱落了，这是为什么？是因为柔软的东西比刚强的东西更有生命力啊！

家规心得

刚与柔是一对辩证关系，柔代表的是坚忍，只要持之以恒，终究会战胜刚强。柔曼能克刚，刚亦能克柔，要顺势而为。人生在世，凡事不能太过争强，亦不能一味柔顺，这在于度的把握。所以我们常说要刚柔相济，古人强调"中行无咎，极高明而道中庸"，说的就是这个道理。

所谓的以柔克刚，就是以情动人，就是耐心、信心、恒心、毅力的比较。在这些方面，谁占了上风，谁就是真正的胜利者。而柔或刚，只是两者在比较时表现出来的表面形态，这里所谓的刚，只是浮躁、虚张声势、经不起挫折的表现。而柔，则是虚怀若谷，因为对自己充满信心，胜不骄，败不馁的表现。

家风故事

刘备献计镇压黄巾军

东汉末年，黄巾农民起义，朝廷命将领朱俊率部前去镇压。当时黄巾军赵弘、韩忠扼守宛城。朱俊下令攻城,韩忠出城迎战。朱俊派刘备、关羽、张飞攻击该城的西南部。

韩忠率领精锐部队日夜兼程赶往西南部阻击。这时,朱俊避实就虚,趁机带领两千精锐骑兵向该城的东北部发起袭击。黄巾探子飞报韩忠,韩忠生怕丢失城池,急忙率部返回。刘备等便从背后追杀过去。

在前后受敌的情况下,韩忠只得败入宛城。朱俊当即以重兵团团包围了宛城。日子一久,城中渐渐弹尽粮竭,韩忠无奈,只得派人出城请求投降。朱俊严词拒绝。

刘备劝告道:"过去高祖夺取天下,都是因为能够接收投降者,招抚顺从者,以致四海归心,一统神州。您为什么拒绝韩忠的投诚呢?"

朱俊笑道:"你有所不知,这叫此一时,彼一时啊!秦朝末年天下大乱,没有一个稳定的政治家来治理人民,所以要用招抚手段来凝聚民心。今天国家统一,只有黄巾造反,如果允许他们投降,就不能劝善惩恶。他们认为有机可乘,便随心所欲地抢掠,失利时便投降,以保生命富贵。所以这是助长他们的气焰,不是好办法啊。"说完,挥手让刘备退下,传令三军拼力攻城。谁知使尽办法攻了几日,急切间竟不能得手。

一天,刘备又对朱俊献计道:"您不允许他们投降,我也赞成。只是今日我军四面将宛城包围得像铁桶一样。敌人请求投降不准,必然死战到底。万众一心,尚且不可抵挡,何况城里还有数万亡命之徒呢。我看不如将包围城池东南方的军队撤去,我们全军专攻西北方。这样,敌人以为有生路,必定弃城逃跑,我军趁势追杀,敌人即可手到擒来。"

朱俊沉思半晌,采纳了刘备的计谋。果然,韩忠率部向宛城东南方撤退,朱俊、刘备、关羽、张飞等指挥全军追击,射死韩忠,其余的人死的死,伤的伤,四面溃散。

以宽心容人之过

【原文】

水至清则无鱼，人至察则无徒。

——《礼记·子张问入官篇》

【译文】

水太清了，鱼就无法生存，要求别人太严格了，就没有伙伴。

家规心得

与人相处的时候不要用放大镜看人的缺点，如果过分地追求完美，不断指责他人的过错，就会失去朋友和合作伙伴。只有包容别人的过失，才能赢得人心。尤其是身处高位者，更应该有容人之心，唯有此才能使人愿意追随在左右，心甘情愿地为其出生入死。

宽容别人是利人利己的事，所谓"容过"，就是容许别人有过失，也容许别人改正错误，不可因为某人有过某种过失，就一过定终身。如果对方在某些方面有才能，更不能因为其他方面的过失而抹杀，这才是生活中真正智者的风范。

生活中也是如此，每个人都需要朋友，然而，谁又是没有缺点的完人呢？

"容过"其实就是要压制或克服自己内心对于当事人的歧视。尽管自己心里并不快乐，感到懊丧，但却应该设身处地地为当事人着想，想一下自己如果是当事人会如何做，在做错了某事之后又有何种想法。这种"容过"主要体现了人们的一种宽厚、平和的人格，能够"容过"的人，往往能够建立起和谐的人际关系和良好的群众基础，同时，也能够得到人们的赞赏和认

205

第七章 温良待人：敦厚处世彰家风

可。因为容人之过不是一味退让，不是无能懦弱，而是一种宽广博大的胸怀，包容一切的伟人气概。

家风故事

娄师德无私荐贤

娄师德进士出身，唐高宗李治上元初年，入朝担任监察御史，中国第一个女皇帝武则天当政时期，担任过同凤阁鸾台平章事，位同宰相，掌理朝政。在他任官近三十年的期间，朝中大狱屡兴，罗织不绝，而他从未殃及，出为将，入为相，屡屡升迁，以功名终身。这除了娄师德为官清廉，富有才能，肯荐贤才之外，更和他器宇深沉，克己自守，与人无争，遇事辄让，深得"恕"道有关。

有一个"唾面自干"的成语，比喻受了侮辱也极度忍耐，就说的是娄师德为人处世的态度。他的弟弟将要到代州担任刺史，临别时，娄师德告诫弟弟遇事要忍耐，不可暴躁。他弟弟说："兄长，您看这样行不行？如果有人把唾沫吐到我脸上，我自己把它擦干就得了。这总算是忍耐了。"娄师德却教育弟弟说："这可不好。你擦干它，就违反了人家要发泄怒气的原意。唾面应该等它自干。"这话传出去后，人们都佩服他的器量。当时朝野上下更佩服娄师德不信流言，毅然举荐自己的政敌狄仁杰的壮举。

娄师德曾和狄仁杰同朝为官，后来狄仁杰调出京城，到地方上担任官职。狄仁杰认为这是娄师德在背后捣鬼，心怀不满。武则天曾任命狄仁杰为地官（户部）侍郎同平章事。狄仁杰刚正不阿，不肯谄事诸武，武攸宁就唆使酷吏来俊臣，暗地构陷，诬告他谋反，拘捕下狱。狄仁杰认为自己遭到迫害，也是娄师德在其中起了作用。出狱后，他就经常在同僚中散布娄师德人品不好的坏话，甚至在武则天面前，也常常说些娄师德的不是之处。这些流言飞语，早就传到娄师德那里，但他却充耳不闻，当作没有那么回事。

有一次，武则天把宰相娄师德召进宫中，同他商量国事。武则天问道："谁还可以担任辅政大臣？你可向我推荐。"

娄师德不假思索地说："讨平突厥的狄仁杰，现任河北道大使，他可担此重任。"

武则天又问："听说狄仁杰心胸狭窄，不能容人，对你又多有误解，能胜任宰相一职吗？"

娄师德恳切地说："狄仁杰是文武全才，带兵能杀敌戍边；断案能削平冤狱，又敢犯颜直谏，确实是个难得的人才。千万不要因为小节掩盖了大德。我力举他为相，望陛下明察。"

听了娄师德的一席话，武则天深感他胸襟广阔，不为流言所惑，也确实认为狄仁杰很有才能，就采纳了娄师德的荐举，把狄仁杰从河北道召回京城，授为内史（相当于宰相），让他和娄师德共理国政。

谁知狄仁杰对这些过程毫无所知，心中还藏着对娄师德的怨恨之情。后来，娄师德率兵征讨契丹，事平归来，狄仁杰就把他外调为陇右诸军大使，主管屯田积谷之事，接着又调任并州长史，兼天兵道大总管，就是不让他回京城。武则天明白了狄仁杰的心术不正，就有意要开导他。

有一天，武则天召狄仁杰进宫商讨政务。武则天就特别称赞娄师德知人善任，为人忠厚，故意向狄仁杰问道："你看娄师德的品行如何？他在同僚中的威信如何？"

狄仁杰含糊地奏道："臣只是听说他带兵守边时，曾有过战功；又听说他屯田时，曾积贮过一些粮食。至于他的品德如何，臣实在不清楚。"

武则天又问道："你不知道他举荐过贤才吗？"

"我不曾听说过他举荐过谁？"

"朕能够用你为内史，就是由于娄师德的竭力推举。娄师德推举你，难道不是荐贤吗？"

狄仁杰回府对同僚说："娄公盛德，能把我全身包容进去。"并想把娄师德引回朝中共事，但他年已七十，不久死于会州。狄仁杰追悔莫及，深感愧对娄公。

对朋友、对同志容让，不是胆怯，而是一种有道德修养的表现。

207

第八章

齐家治国：公正贤明为大家

　　儒家讲求修身齐家治国平天下，齐家之后就是治国，治国简单来说就是做官。做官就一定要做好官，因此，在《孝经》和各种家训中都有许多内容说的是做官的规范。传统认为为官应以亲民爱民、恪守职责、秉公执法为准。

恪尽职守勿求名

【原文】

执法而不求情，尽心而不求名。

——《上韩枢密书》

【译文】

严格执行法令而不讲情面，尽职尽责而不图功名。

家规心得

歌德说："责任就是对自己要求去做的事情有一种爱。"因为这种爱，尽责本身就成了生命意义的一种实现，就能从中获得心灵的满足。

所谓责任，是指个人对自己和他人，对家庭和集体，对国家和社会所负责任的认识、情感和信念，以及与之相应的遵守规范、承担责任和履行义务的自觉态度。责任心与自尊心、自信心、进取心、雄心、恒心、事业心、孝心、关心、慈悲心、同情心、怜悯心、善心相比，是"群心"灿烂中的核心。

责任心以情感为基础。可以想象，一个孩子对父母没有感情，不可能对家庭承担任何责任；一个对社会、对祖国、对人民没情感的人，当外族入侵、祖国受难之时，他不可能挺身而出，舍生忘死，为国献身。

责任心靠意志来维持。尽责尽心并非听他说得如何动听，而是要反映在行动之中。不管承担什么样的责任，都离不开坚强意志和毅力的支撑，只有在克服困难中，在抵制各种诱惑中，才能反映一个人的责任感。

有责任心与否是衡量一个人成熟与否的重要标准。一个缺乏责任心的人，在没有人能为他负责的时候，就喜欢哀叹自己的不幸，抱怨生活的不公。其实，所有的抱怨都是在做无用的减法。责任感是人们对自己的言行带来的社会价值进行自我判断后产生的情感体验。责任感是人们安身立命的基础，当一个人具有了某些能力时，就要对相应的事情负责。

对于官员来说，勤政爱民就是他们的责任，只有做到公正无私，让一方百姓安居乐业才是真正履行了自己的责任。

家 风 故 事

海瑞公正廉明

海瑞是明朝时期有名的清官。43岁时，被任命为浙江淳安县知县。

淳安县地方偏僻，百姓穷困。贪官污吏贪污受贿，有丈量自己的土地时少报甚至不报的，相反却给百姓多量多报，致使淳安百姓每年都要向官府和地主交纳大量的租税。有些富豪却坐收租利，不交一分一厘的捐税。

海瑞到任后，决心铲除这项积弊，重新丈量土地，做到赋税合理负担，使百姓不再受害，过上安宁日子。

一天，海瑞上街刚刚回到县衙，管钱粮的李老夫子就笑呵呵地进来，把很厚的一叠礼单送上来，说道："请大人过目，这是全县乡绅听说大人的生日到了，送来的贺礼。"

海瑞一愣，但随即就明白了，这是那些乡绅向他行贿的一个借口：新来的县官为了捞钱，往往一上任就办个生日。海瑞略看了一下礼单，都是县里那些漏税大户送来的银子，总数不下两万两。

海瑞笑了笑，让家人把礼物全部接下。然后叫李老夫子传下话去，把所有乡绅都请到大堂前说话。

送礼的乡绅见海瑞收下了银子，要请大家喝酒，都高兴地来了。海瑞见都到齐了，便从后堂出来，向大家抱拳一揖，笑着说道：

"海某来到淳安，深蒙各位厚爱，愧不敢当！不过，不仅我的生日不是明天，就是到了过生日的时候，也绝不接受一文贺礼。各位送来的银子，今天一一当面奉还。清丈土地的事情，本县言出必行。我想诸位都是仁义君子，一定会赞助本县清丈。如果有不逞之徒从中作梗，胆敢作弊，本县言出

211

第八章 齐家治国：公正贤明为大家

法随，一定严惩不贷。"

海瑞说完，让家人当面点名，叫乡绅们一一上前领回银子。众乡绅见海瑞当面退银，都瞠目结舌，半晌说不出话来，谁也不敢出面反对清丈土地。第二天，海瑞亲自下乡，领人丈量土地，成为全国第一个查实土地数目，解决赋税合理负担的县令。贫苦百姓解除了额外负担，家家户户欢喜不尽。

海瑞搞完清丈田亩之后，又着手整顿吏治，实行均徭，革除陋规。他整顿吏治，首先从自己的身上开刀。当时，作为一个地方官员的收入，一笔是国家的薪俸，另外一笔是"常规"收入。按照这种"常规"，地方官员到北京朝觐，所需的车马食宿费用和向京都大员讨好行贿的金钱，都要由本地的百姓摊掘。地方官员向出巡和路过的大官赠送财礼、车船支应及招待费用，也要向百姓们摊派。这笔钱花多少就可以摊多少，地方官员自然可以从中渔利，大发其财。海瑞大胆地革除了这种"常规"，把每人每年要负担的这几项银子从平均五两减到两钱。明确宣布自己不要这种"常规"银子，也不向过往官员赠送这种"常规"银子。对沉重的徭役也实行了均徭。这两项改革，不仅削掉了他自己的特权利益，而且损害了上级官员的利益。当时有朋友劝告他："你把这些都革掉了，就大祸临头了！"可他却说："充军流放，下狱杀头，都甘心忍受。无论如何也不去做这种用刀在百姓身上剜肉的事情！"

为官清正，拒收贿赂，清丈田亩，均徭薄赋，革除特权，从己做起，不畏权贵，这就是海瑞大公无私的品格和公正廉明的工作作风。

没有额外的收入，海瑞靠薪俸过着很节俭的日子。每天粗茶淡饭，十分清苦，只是在给他的母亲过生日的时候，才破例买二斤肉。他还自己种菜，让家人上山打柴，樵薪自给。他对不花钱的酒席饭菜，一口不动；一芥之物，不入私囊；一厘之钱，不送官长。

海瑞在淳安任职四年，临走时仍两袖清风，一叶扁舟，飘然而去。身上穿的还是那件已经穿了八年之久的麻布皂袍，衣边袖口破损之处补丁重叠。赶来送行的淳安父老，无不抱头痛哭，呼声如雷。

海瑞在出任江西兴国知县时，为还田于民，奖励生产，亲自下去体察民情，清丈土地，解除群众的疾苦。他在下乡的时候，自己和吏员们一起挑着粮食、蔬菜，自炊自食，不吃百姓们一顿饭，以免增加百姓的负担。

海瑞，一生大公无私，励精图治，不畏权贵，为国为民，他使部分地区的黎民百姓在一定时间内过上了比较安定的日子，所以百姓送他"海青天"的称号。直到今天人们仍然怀念着他。

民乃天下之根本

【原文】

民惟邦本，本固邦宁。

——《尚书》

【译文】

人民是国家之根基所在，人民安居乐业富裕充实才能国泰民安。

家 规 心 得

中华历史五千余载，我们的祖先在其间创造出一段又一段的辉煌，为后人所赞颂。我们不难发现，在每一段辉煌历史当中，都有一个盛世明君，他们为百姓安居乐业，社会繁荣稳定，做出了卓越的贡献。他们虽然处在不同的时代，但他们的行为印证了同一个道理：得民心者得天下。

古语有云：民惟邦本，本固邦宁。当初，太康当上王之后，只图安乐享受，不理朝政，打猎百日不归，丧失了民心，致使人民怨声四起。当时的诸侯王后羿，看到人民饱受困苦，就废了太康。后来，太康的母亲和几个弟弟聚在一起，追述皇祖大禹的训诫，于是，作了《五子歌》："皇祖有训，民可近，不可下，民惟邦本，本固邦宁。"意思是说，祖父大禹早有训诫，对待人民只能亲敬，不可怠慢，人民是国家的根本，人民安居乐业，国家才能安宁。这其实就是讲的"得民心者得天下"的道理。

自古以来，从事政治活动的人，都对"得民心者得天下"这句话万分熟悉。可以说，中国的政治史，就是一部各色政治人物比赛谁更能获取民心的历史。赢得了民心，就赢得了天下，失去了民心，就失去了天下。纵观历史上的明君，他们无一不是对人民的利益给予了极大的重视，并最终得了民心，巩固了自己的天下。

家 风 故 事

汉文帝爱民如子

西汉文帝是一个讲求仁义、关心人民疾苦的好皇帝。

有一天，汉文帝临朝听政，他问文武大臣："今天有什么事要禀告我啊？"

"皇上，我有一件事要禀告给您。"

文帝一看，是掌管土木建筑的文官，便问："你有什么事情？"

"我想请皇上批准建一座露台。"

"建露台有什么用呢？"

"建一个露台，上面盖上凉亭，种上花草，您夏天可以在上面乘凉避暑。"

文帝问众大臣："你们认为怎么样？"

有一位大臣反驳说："皇上经常建议我们要节俭，建露台花费大约2400两黄金，我认为最好不建。"

"这对皇上是区区小事，皇上应该好好享受嘛！"

"不能追求享受就随便花钱，建露台的钱相当于百户中等人家的财产，这可以救济多少劳苦百姓啊！"

于是大臣们分为两派，一派积极赞成修露台，一派表示强烈反对。

文帝说："我认为就不要建露台了，随便花这么多钱，不如拿来救济百姓，我们一定要节俭啊！"

管土木的大臣又说："宫殿好多地方都坏了，需要修补。"

文帝说："修补也要花很多的钱，并且还要役使人民，我看就不用修补了。我住在先帝的宫殿里，常常觉得自己不配，怎么能再奢侈浪费呢？"

在这一年里，汉文帝没有兴建任何土木工程。

汉文帝非常注重关心人民的生活。有一年全国发生大旱，接着蝗虫成灾。农民的庄稼先是旱死了不少，后来又被蝗虫吃了一大半，这一年庄稼收成很少。汉文帝召集众大臣商议对策。

文帝问："现在外面的蝗灾怎么样？"

"灾情严重，蝗虫特别多，几乎把庄稼都吃光了。"

"农民手里还能收一些粮食吗？"

"很困难，即使打了一些粮食，也不够交租。"

汉文帝伤心地说："老百姓真苦啊，今年蝗虫这么严重，看来收成肯定不行了。你们有什么好办法吗？"

"我们也没有什么好办法，眼前快到收租的时候了，农民交什么呢？"

汉文帝沉思了许久，老百姓今年这么苦，一定不能再收重租了，可是皇宫粮食也不多了，如果不收租，皇宫费用从哪里来呢？

最后，文帝下定决心，他对大臣们说："我已认真考虑过了，首要的问题是让农民活下来，一定要有饭吃。今年灾情这么严重，我看今年的租税就不收了。"

什么？不收租税？大臣们都不敢相信自己的耳朵。皇上不能只顾人民而不顾皇宫生活吧，皇宫怎么办呢？大臣官员吃什么呢？大臣们你看我，我看你，一时都愣住了。

文帝猜透了大臣们的心思，他说："今年不收租，开放山林川泽，百姓可以自由地采野果、打鱼。至于皇宫，费用应大量削减，把多余的人都撤了。"

大臣终于明白了汉文帝的意思，要关心人民，以人民为主啊！他们都齐声称赞文帝爱民如子。

后来汉文帝的措施都得到实施，全国人民顺利地度过了灾年。

汉文帝讲求仁义，注意节俭，爱民如子，所以，在他在位期间，国泰民安。

第八章——齐家治国：公正贤明为大家

传承家规成方圆

216

得民心者得天下

【原文】

夫民，不难聚也。爱之则亲，利之则至，誉之则劝，致其所恶则散。

——《庄子·徐无鬼》

【译文】

天下百姓，要让他们靠拢你并不困难。你爱护他们便会亲附，让他们获益得利便会来归顺，表扬他们便会奋发努力，逼他们做厌恶的事就将离散。

家规心得

治理天下需要亲民，管理一个企业同样也需要亲民。

有人曾对数千名离过职的经理做过一个调查，结果发现，他们离职的原因有三：工作和成绩得不到公司的认可和肯定；在公司里得不到充分的授权；在公司或所在岗位上没有发展的机会。总之，员工没有成就感和归属感，是他们离职的主要原因。

怎样才能让员工在工作上有成就感，在公司中有归属感呢？这需要领导者好好琢磨一番了。事实证明，如果一个领导者能够把员工看作是合作伙伴，将人作为团队中的第一要素来对待，并和员工建立良好的合作伙伴关系，那么，员工视公司为家，视公司利益为最高利益，上下团结一心，形成了利益共同体，不仅人的主观能动性得到了最大的发挥，团队的战斗力也会增强。

相反，如果只是把员工当作商品，当作用钱雇来的打工者，那他们自然没有义务和公司同发展共命运。当员工不被尊重的时候，他们自然没有积极性，同时企业也不会取得好的发展。在独断专行的企业环境中，员工更倾向于消极抵抗，甚至是掉头而去，而不是努力去执行领导者的命令。

所以，一个高明的领导，浪懂得员工在团队中的重要作用，他会突破传统那种把人当作赚钱工具的观念，将员工看作自己的合作伙伴，会时刻把员工装在心里的，会无私无偏地依靠他们、爱护他们。他们不会轻易地解雇员工，而且会创造出最适合员工发展的工作环境，重视员工，关心员工的利益，满足员工的多方面需要，从而使员工感到受尊重，并充分调动员工的积极性和创造性。

反过来，员工也会有一种归属感和集体荣誉感，他们会积极主动地去工作，为集体事业的发展出谋划策，为企业创造出更大的价值。在这种情况下，企业就会发展得越来越快，越来越好。

家 风 故 事

敢吞蝗虫的皇帝

唐朝初年，关中地区（今陕西省中部渭河平原）蝗虫成灾。蝗虫铺天盖地，黑压压一片，农民的大片庄稼被吃光。农民看在眼里，急在心上，眼看来年就得挨饿，却一点办法都没有。

一天，太宗皇帝在花园里散步，看见许多蝗虫，便问身边的大臣："花园里为何有这么多蝗虫？"

一位大臣说："现在关中地区正闹蝗灾。"

太宗又问："灾情如何？"

大臣回答说："灾情很严重，很多地方庄稼已被吃光。"

太宗十分伤心地说："百姓是靠五谷为生，蝗虫把庄稼吃光了，身为一国之君，百姓受饿，我如何面对天下人呢？"

说着话，太宗顺手抓住一只蝗虫扔进嘴里吞了下去。他一边对身边的大臣说："就让蝗虫吃我吧，我要为百姓承受灾难。"一边下令："赶紧运粮到关中，救济百姓。"

很快，一大批粮食运到关中，饥饿的百姓手捧着粮食面向长安高呼："皇帝万岁。"

唐太宗李世民青年时期，随父亲李渊南征北战，非常了解百姓的疾苦，自己做了皇帝之后，十分关心百姓的生活，广施仁政。

他常对大臣们说：隋朝灭亡的原因是隋朝皇帝对百姓剥削太重，百姓被迫起来反抗，所以统治者一定要爱护人民，对人民要施行仁政，只有这样社会才可能稳定，人民才能安居乐业。

他把百姓比作水，把统治者比作船，形象地说"水能载舟，亦能覆舟"。

唐太宗不仅这样说，而且也是这样做的。

有一次，他阅读《明堂针灸书》，这是一本讲如何医治疾病的书。书中写道："人体内的五脏，都附在人的脊背上。"当时有一种刑罚，用皮鞭抽打犯人的脊背，太宗读后，联想到这种刑罚，感慨地说："既然人的五脏附在背上，用皮鞭抽打人，怎能忍受得了，这种刑罚一定要废除。"于是他下令废除了这种刑罚。

唐朝初年，由于黄河多年未修，经常决堤。有一年，黄河遇上了几十年未遇的大水，多处决堤，水到之处，良田被毁，房屋被淹，百姓死伤无数。

太宗巡视灾区，看到茫茫大水，零星地飘着的死人，伤心地掉下了眼泪。他对身边的大臣说："这是我的过错啊！我对不起天下的百姓，如果这被淹死的人是我的亲属，我……"他再也说不下去了。

太宗的船驶到一座山边，山上有许多避难的百姓。他下了船，告诉百姓："朕会帮助你们渡过难关的。"

船一直驶向前方，突然前方有一条小船上传来小孩的哭声，眼看着小船被浪冲翻，太宗传令速去救小船上的人。这条小船上只有一个十来岁的小孩，太宗抚摸着小孩，问他："你父母呢？怎么只有你一个人在船上？"

小孩说："我的父母被大水冲走了，他们先把我放在这条小船上。"

太宗眼中噙着眼泪，紧紧地揽着这个孤苦的小孩。

太宗回到长安之后，拨了大批粮食到灾区，而且也征调了大批军队去修黄河大堤，百姓无不由衷地感谢太宗。这样没过多少年，唐朝国力蒸蒸日上，人口渐渐增多，社会稳定，商业发达。后人因太宗年号"贞观"，所以把他的统治称作"贞观之治"。

唐太宗以仁爱之心对待百姓，所以才得到了人民的信赖，使唐朝成为中国历史上继汉朝之后又一个强盛的时代。

先做好人再做官

【原文】

命下之日，则扪心自省：有何勋阀行能，膺兹异数？苟要其廪禄，假其威权，惟济己私，靡思报国，天监伊迩，将不汝容！夫受人直而怠其工，儋人爵而旷其事，己则逸矣。如公道何？如百姓何？

——《为政忠告》

【译文】

接到任职的命令下达的时候，就扪心自问：有什么特殊功绩、品德和才能，得到这样不寻常的待遇？倘若领取这个职位的俸禄，凭借这个职位的权势，一心只想满足自己的私欲，不想着去报国，上天的监视就在身边，将不会宽容你的！接受了俸禄而对工作懒散松懈，承担了职位而将公务撂在一边，自己倒是安乐了，如何对得起公道？如何对得起百姓？

家规心得

为官之人做好了人，也就是做好了官。只为谋一己之私的官员，历来不会有好下场。和珅贪得无厌，终被嘉庆法办；而吴隐之"饮贪泉不生贪心"，得百姓爱戴，传千古美名。这就是做人的区别。私心重的，必然罪及自身；公心重的，必然流芳百世。

第八章 齐家治国：公正贤明为大家

家 风 故 事

陈幼学为民置业

明朝万历时期的确山知县陈幼学素以为民分忧、仁政爱民出名。

一天，陈幼学把他的随从们都叫到知县大堂，对他们说："我叫你们来，是要叫你们完成几项任务，希望你们认真去做。"

"我们愿听从大人的吩咐。"随从们说。

"从今天起，在 3 个月内你们负责给我买 800 辆纺线车，500 头牛，盖1200 间房子，你们分工去做，马上行动。"

随从们面面相觑，他们不明白：知县大人买纺车和牛、盖房子干什么用？

陈幼学看出了随从们的疑惑，笑着说："你们只管干就是了，要这些东西我自有安排。"

于是，确山县出现了这样的景象：全县的工匠都在紧张地打墙盖房子，官府供给工匠们吃住，工匠们则日夜不停地劳动着，人们不禁好奇地问："知县大人盖这么多房子干什么？"

在通往确山县的大路上，整天是络绎不绝的赶牛人，他们都向确山县走去，这些牛都是确山县官府买的。

还有大批大批的人拉着大车，车上满载着纺车，也向确山县走去，这些纺车也是确山县官府买的。

确山的人们轰动了，纷纷猜测着县令的行动和做法。

3 个月过去了，陈幼学看到 500 头牛买来了，800 辆纺车运来了，1200间房子盖好了。他终于宣布了他的计划："把耕牛分给贫穷的农民耕地使用，把纺车分给贫穷的农妇纺织，把房子分给无家可归的贫苦农民。"

随从们终于明白了知县大人的一片爱民之心。

全县贫苦农民都欢天喜地地领取了耕牛、领到了纺车、分到了房子。

陈幼学为政仁和，处处为百姓着想，时刻为百姓排忧解难，关心百姓的疾苦，把老百姓的利益放在第一位。

一年秋天，正值秋收大忙季节，农民正忙着收割庄稼。忽然有一天，县府的城墙坏了。随从们马上报告了陈幼学。

"知县大人，县府的城墙坏了，应当立刻修补。"随从们建议。

"很严重吗？能不能等一段时间呢？"

"城墙坏得很厉害，必须马上修补才行！"

"噢，我知道了。"陈幼学应道。

随从们都很着急，建议说："能不能征发农民来修补。"

"不行。"陈幼学马上制止。并对随从们说：

"现在农民正忙着收割庄稼，决不能耽误他们的时间，哪怕城墙不修也不能征发农民。"

"那怎么办呢？"随从们束手无策。

陈幼学考虑了很长时间，终于有了一个主意，他对随从们说："招募一些外地的流民，由官府供给他们吃住，发给他们工钱，由这些人来修城墙。"

于是，随从们按照陈幼学的办法，用官府的钱粮招募了一些流民，修好了城墙，没有占用农民一分钟宝贵的劳动时间。

百姓们听说城墙坏了都很担心官府征工，影响秋收。但却看到官府已雇人修好了城墙，并没有占用他们的劳动时间，不禁大为感动。

陈幼学以仁治民，爱民如子，处处为百姓排忧解难，被后人誉为"为民分忧的好知县"。

221

第八章 齐家治国：公正贤明为大家

身在公职忌私心

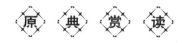

【原文】

于此有人焉。廉而且干，虽有不共戴天之仇，公论之下，亦不得而掩焉。苟非其人，虽骨肉之亲，公论之下，亦不得而私焉。

——《为政忠告》

【译文】

一个真正爱国的人不应该有私心。只要是廉洁有才能的人，即使与对方有不共戴天之仇，也不可计较个人恩怨。如果这个人不够任用的条件，即使是自己的亲人，也不能徇私举荐。

家规心得

身在公职，就要有一颗公心，这才是真正的爱国。俗话说："宰相肚里可撑船。"为官者一定要有博大的胸怀和气度，能够容忍与自己有嫌隙的人，并因他的才能而推举他，这样的人也必为他人所尊崇。如果我们为官，也能向古代的贤臣学习，秉着一颗公心办事，定会成为一个令人敬佩的好官。

家风故事

吕蒙正不咎既往

吕蒙正为人正直，心胸开阔，度量宽宏，知人善任，从不斤斤计较，也不把别人对不起自己的事放在心里，因而在宋太宗、真宗时期，三任宰相。他担任宰相期间，力谏皇帝修明内政，不要劳师袭远，所以那一段时期，国家安定，边警不惊。

吕蒙正接替赵普担任宰相后，第一次上朝的时候，文武百官纷纷上前恭贺，嘘寒问暖。这时帘子后面有一些官员正在闲谈，其中，有一个人比比画画，用手指着吕蒙正说道："这个无名小子也能当宰相吗？"声音尖利，传遍朝堂，所有上朝的人都听清了，全都为之一惊。可是吕蒙正却装作没有听见的样子，依然和身边的同僚闲谈，从容地走了过去。但是同事们把对宰相的不敬之言，听在耳中，对宰相的不恭之举，看在眼里，而吕蒙正却毫不在意，仍然谈笑风生，众人都不免为他愤愤不平。

有一位官员气愤地说："真是胆大妄为，竟敢在大庭广众中，出言不逊，侮辱宰相！"

另一位官员插言道："谁不知宰相考过进士第一名，广有才智。这人在朝中口出狂言，要问他个不敬之罪，以儆效尤。"

众人也都七言八语，随声附和，要求吕蒙正追查一下，帘后发话者究竟是什么人，现任何职，叫什么名字。

吕蒙正连忙摇手，制止乱言，劝大家息怒，不要追查。他心平气和地说："还是不查问是谁说出此等言语为好。如果一旦知道了他的姓名，便会一辈子不能忘掉，所以我不去追查，宁肯终生不知，这对我有什么损失呢？他或许随口说说而已，并无恶意。只要他今后勤于政事，就是再说些这类话，又有何妨呢？"

有几位虽然也颔首称是，但仍现出不平的神色。吕蒙正又开导他们说："诸位不是都听说过前任宰相赵普用一部《论语》治天下的事情吗？他曾对太宗说过：'臣有《论语》一部，半部佐太祖定天下，半部佐陛下致太平。'《论语》中多讲恕道，以恕待人，天下归心，何乐而不为？我们在朝为官，切不可计较个人得失！"

一席话说得大家哑口无言，对吕蒙正的宽宏大度，无不佩服得五体投地。

吕蒙正可贵品格的形成，与他青少年时代的坎坷经历和刻苦攻读经书有密切关系。

吕蒙正的父亲曾担任过起居郎，他好放浪，不自守。妻子刘氏经常规劝，他父亲不仅不听，反而把妻子儿子赶出家门。吕蒙正从此流浪街头。他

第八章　齐家治国：公正贤明为大家

无处安身，只好栖居在一座古庙里。白天他逗留书肆，广泛阅读他买不起的书籍，晚上在佛灯下苦读《周礼》《仪礼》《论语》《孟子》等儒家经典，修养身心，增长学识。还经常帮助寺院做些洒扫、担水等杂务。

但是僧徒们因为吕蒙正在寺中寄食，又整日手不释卷，就常常揶揄他："吕大公子，吃我们这化缘来的白饭，能咽下去吗？"吕蒙正只是微微一笑，也不与之争辩。

这座寺庙规模宏大，僧众很多，每当到吃饭时，火头僧都敲响大钟，通知众僧就餐。有个鼠肚鸡肠的和尚，想不让吕蒙正再在寺中吃饭，就出了个坏主意：饭熟后，和尚们互相通知；待大家吃完饭后，才敲钟。等到吕蒙正听到钟声到斋堂时，已僧去斋空。因而他常常赶不上斋饭。至今流传的"饭后钟"一语，就是吕蒙正落魄时留下的典故。但是吕蒙正显贵之后，不仅没有以怨报怨，反而对寺僧厚加施舍。

吕蒙正任相期间，他手下的参知政事王沔，为人过于苛刻，时与同僚龃龉，吕蒙正就时时开导他，告诉他为人要宽厚，做什么事要先设身处地地替他人多想想，使同僚之间免去了猜忌。

有信有威能服众

【原文】

令行生威，威而有信，信则服众。

——《处世悬镜》

【译文】

严格执行法令制度，这样才能产生权威，有了权威才有信用，有了信用大家才能服从。

威信是一名领导人必须具备的基本要素。然而威信并不是与生俱来的，他是靠实力打拼出来的，而实力是一个人从对工作的无知到精通的过程。当你的员工解决不了的问题你却轻而易举地解决掉了，这简单的一个动作可能就使你的威信定格在每个人的心理，可就是这简单的一个动作见证了你数十年的付出。这其实就叫成功。大家钦佩你的不仅仅是这数十秒的光辉，还有你在这个行业里的拼搏。

威信是一个人成就事业的前提，没有威信就不会得到他人的支持与帮助。

家风故事

秦孝公用商鞅立法

公元前361年，秦国21岁的年轻君主孝公在都城雍州即位执政。这时，齐、楚、魏、燕、韩、赵六国，都很强大，唯独秦国地处偏远，经济落后，政治上也没有什么地位。秦孝公感到迫切需要有一番作为，说："谁要能献出妙计，使国家迅速强大起来，那就照他说的办！"

一天，一个年轻人风尘仆仆地来到秦国，求见孝公，他就是卫国的公孙鞅。孝公先后三次接待了他，两人谈得十分投机。

公孙鞅说："如果要使国家强大，就不能沿用老办法；如果要使百姓得到实惠，就不能保留旧体制。"秦孝公说："太对了，快说说你的具体办法吧！"

公孙鞅说："变法可以分两步走。第一步要实行四条办法：一要奖励耕织，惩办倒买倒卖；二要奖励军功，反对打架斗殴；三要把百姓组织成什伍单位，稳定社会秩序；四要限制贵族的特权，不立新功就不能享有崇高的社会地位。"

秦孝公说："真是好主意！那第二步是什么呢？"公孙鞅接着说："第二步要实行三条：废井田，开阡陌；统一度量衡；将全国统一设置成31个县。另外，还要鼓励父亲和成年的儿子以及兄弟分家而居。"秦孝公听完，

225

第八章 齐家治国：公正贤明为大家

兴奋得忘了自己的身份，用两膝跪行到公孙鞅面前说："真是好极了！我让你当左庶长，主持这场变法！"

公孙鞅的变法主张，虽得到孝公的赞赏和支持，却遭到守旧贵族的激烈反对，甚至连太子也犯了法。公孙鞅奏告秦孝公说："法之不行，自上犯之，变法的阻力，往往来自高高在上的那些养尊处优的人们。太子犯了法，是由于他的老师没有引导好，必须处罚太子的师傅！"秦孝公说："照你制定的条例办。"于是，就在太子的两位老师的脸上，刺下"犯法"两个字。另有一名贵族，名叫公子虔，公然反对废井田，开阡陌，放高利贷时照样大斗进，小斗出，破坏度量衡的新制度。公孙鞅又奏告秦孝公，秦孝公再次说："照你制定的条例办。"于是，公子虔被判处"劓刑"，割掉了鼻子。

公孙鞅不但主持变法，而且向秦孝公请战，亲自带兵攻打魏国，打了大胜仗，占领了魏国在黄河西岸的大片土地，立了一大军功。

秦孝公自从采用了公孙鞅的变法措施以后，国家一天天兴盛起来，社会风气变得"路不拾遗，山无盗贼，家给人足"，"乡邑大治"，在诸侯中，秦国的地位骤然上升。秦孝公感觉到了自己这一代，秦国又富强了，非常满意，当公孙鞅从伐魏前线回来以后，秦孝公就把"於""商"十五邑，封给了他，号为"商君"。后世称公孙鞅就叫商鞅。

原 典 赏 读

【原文】

居官有二语曰：惟公则生明，惟廉则生威。

居家有二语曰：惟恕则平情，惟俭则足用。

——《菜根谭》

【译文】

关于做官有两句格言说：只有公正才能清明，只有廉洁才能威严。

关于治家也有两句格言：只有宽容才能心情平和，只有节俭家用才能富足。

家 规 心 得

一家人要有宽恕的心胸，要有乐观的人生态度，对家人和蔼可亲，这样才能够使全家人心平气和，和睦相处，能够勤俭持家，精打细算，才能使全家人过上富足的生活。

家 风 故 事

赵匡胤节俭做榜样

大宋朝开国皇帝赵匡胤南征北战平定天下后的一天，他的将士们灭了后蜀，押回蜀主孟昶班师回朝，献上了缴获的战利品。其中一件稀奇之物引起赵匡胤的惊奇，原来那是孟昶使用过的溺器（夜壶）。这溺器，式样奇巧至极，并用七宝镶成，名贵无比，可谓历代罕见。赵匡胤见后叹息说："连溺器也用七宝镶成，更用什么东西储盛食物呢？奢侈到如此地步，哪得不亡国！"于是，当着孟昶的面将那溺器摔了个粉碎，并对两旁的臣子们说："人人应记取这个教训，要力戒奢侈糜烂行为。"满朝文武大受教育，社会风气也因此较为清明。

一天，他的姐姐魏国大长公主进宫见驾。赵匡胤见她身穿"贴绣铺翠"，引得宫女个个见羡。他就笑着说："请你把这身翠服送给我，并希望你今后不要再用翠羽作衣饰了。"公主不以为然地笑道："这些翠羽又不值几个钱，算不上什么奢侈吧？"赵匡胤正色道："不能这么说，你穿了这种衣服，皇亲国戚和大臣豪富们就会照着样子做，这样翠羽价格必会飞涨，商贾要赚钱，必会用高价到处收购，翠鸟就会遭到大量捕杀，这难道不是你无形中造的孽吗？你爱鸟反而害了鸟。"

公主被说服后说："我可以从此不用翠羽做衣饰，不过，你怎么还要乘

237

旧銮舆（皇家出入用的车轿），你是大宋皇帝了，也该注意点威仪呀？"赵匡胤笑道："威仪？我富有四海，不要说打造新銮舆，就是用金子来制造一个宫殿也不是办不到，可我一开此头，别人就会马上跟着效仿，此风一开，后果又会怎样？做皇帝只是为天下守财，而不能伤天下财，古训说：'以一人治天下，不以天下奉一人。'如果我只想奉养自己，百姓还对我抱什么希望呢，当年我摔碎'七宝夜壶'教育臣子的事，岂能忘掉？"

大长公主听后深受感动。此话传出后，文武百官也就不敢轻举妄动。由于赵匡胤平定天下后，能力戒奢侈，从而奠定了大宋基业。

为官勿贪忌奢华

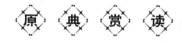

【原文】

廉者，民之表也；贪者，民之贼也。

——《乞不用赃吏疏》

【译文】

廉洁的官吏，是人民的表率；贪赃的官吏，是人民的盗贼。

家规心得

贪婪指一种攫取远超过自身需求的金钱、物质财富或肉体满足的欲望。贪婪的个体注注被视为对社会有害的，因为他们常忽视其他人的福利。对于官员来说，如果没有足够的权力制约，很容易会被物质和美色所迷惑。

有因为贪婪而腐化的官员，自然也有拒绝贪婪永葆廉洁的官员。官员之所以被贪所腐，是因为他们心中没有做人的准则，可见良好的教育是减少贪腐的最佳方法。

不贪奢华的晏婴

晏婴是春秋战国时期齐国有名的宰相，他是一位出色的政治家。在他担任齐国宰相的时候，凭着自己的聪明才智，曾经为齐国的内政、外交立下汗马功劳。同时，他又是一个廉洁奉公、两袖清风的人。为着齐国的富强，为着减轻老百姓的负担和痛苦，他克勤克俭，虽然身居高位，依然过着清贫、节俭的日子。

有一天，晏婴正在家里吃午饭，忽然通报有客来访。晏婴放下饭碗，起身到门口相迎。原来是齐景公手下一位姓赵的官员，他受景公之命，前来拜访晏婴。

晏婴非常客气地把那人让进屋里。两人寒暄了一会儿，晏婴突然想起自己午饭还没吃完，准备起身去吃饭，就顺便问赵官员："请问赵大人，您用过饭了吗？"

赵官员回答道："下官受景公之命，匆忙赶来，还未来得及用饭。"

"那好，请您随我一起用些便饭吧。"

赵官员听了，觉得很纳闷，心里暗暗思谋着，难道晏婴早已知道我要来，有所准备？不然的话，怎么那么快就有饭吃呢？

到了饭厅，赵官员几乎愣住了。原来饭厅里没有什么丫鬟侍女，只有一个又老又不好看的中年妇人把刚刚热过的两碟剩菜和一碗饭端上来。

接着，晏婴自己把饭分成两小碗，一碗递给赵官员，一碗给自己，就开始吃起来。赵官员见状，又不好推辞，只能硬着头皮吃下去。可是，这么一小碗饭哪里够一个大人吃饱呢！结果，两个人都吃了个半饱。

赵官员回到齐景公那里，把这件事详详细细地告诉了齐景公。齐景公听了，心里很过意不去。景公说："晏婴为国家和老百姓做了那么多好事，真想不到他家里却是这么穷啊！竟然连客人都招待不起，这真是我的大意和过错。"

于是，齐景公派手下人给晏婴送去许多钱，让他作为招待宾客的费用，可是晏婴坚决不收。这样一连送了好几次，都被晏婴婉言谢绝了。晏婴说："臣子非常感谢大王的赏赐！可是比起很多老百姓来，我的家还不算穷，还是请大王把这些钱赏给那些比我更穷苦的老百姓吧。只有老百姓安居乐业，大王的统治才能长久稳固！"

景公听了晏婴的回话，心里非常感动，决定亲自去晏婴家拜访。

到了该吃饭的时候，景公很早就端坐在饭桌的上首，想仔细看看晏婴究竟节省到哪种程度。

不一会儿，依旧是原先那个中年妇人端了饭菜上来。结果，摆在景公和晏婴面前的总共只有一盘野鸟肉和一盘青菜炒鸡蛋两个菜，饭还是用糙米做的。

景公有点不相信地问："爱卿，你平日里就吃两个菜?"

"是的，大王。"晏婴恭恭敬敬地回答。

"您的家这样贫苦，这都是我平日里太疏忽的缘故。"景公内疚地说。

"不，大王。现在老百姓的生活都很穷苦，一般士人（士人的等级比普通老百姓高）每顿也只能以小米饭吃个饱。而我加上一盘野鸟肉，就等于一般士人吃两顿饭；再加一盘青菜炒鸡蛋，就等于一般士人吃三顿了。我的德行才能不能比普通人高出两倍，却吃了等于三个士人吃的饭，怎么还能够说我的生活贫苦呢? 大王对我的赏赐已经够丰厚了。"说完，晏婴又拜谢了齐景公。

这时，恰好那个老妇人捧上酒来。齐景公发现她又老又不好看，就奇怪地问晏婴："她是您的什么人呀?"

晏婴说："她是我的妻子。"

"您的妻子怎么能这么难看? 我的女儿既年轻又漂亮，我愿意把她嫁给您。"齐景公自以为好心地说。

晏婴听了，马上回绝道："大王，请千万不要这么说。我的妻子现在虽然又老又丑，可她是在年轻貌美的时候嫁给我的。我们一起生活了这么多年，互相勉励，互相照顾，我怎么能够在她青春逝去的时候喜新厌旧、抛弃她呢! 谢谢大王的一片好意，恕臣子不能接受。"

齐景公见晏婴这也不接受，那也不接受，觉得更加过意不去了。他左思右想，不知道该用什么来报答晏婴。忽然，门外传来一阵疾驰的马蹄声，接着一股黄色尘土从门洞和窗口飘进屋来，呛得齐景公连打了好几个喷嚏。

原来，晏婴的住宅距离市场很近。一到下雨天，外面的泥路总是被踩得泥泞不堪，到处是积满污水的小水坑，令人寸步难行。到了晴天，灰尘又特别大，尤其逢集市的时候，人声嘈杂，影响休息。齐景公想到这些，决定给晏婴造一所新住宅，以表示自己对他的感谢之情。

于是，景公就把自己的意图对晏婴说了。可是晏婴仍旧不肯接受，反而说："这所住宅是我祖上传下来的，先人们都能住，我怎么不能住呢？这房子还可以住人，我又造一所新房子，这岂不是太奢侈浪费了吗？再说，这房子离市场近，我经常去市场买东西，还可以察访民情呢！"

齐景公不由得笑了，说："您是一国宰相，还自己上街买东西，不怕人笑话您寒酸吗？"

晏婴理直气壮地说："正因为我是宰相，我才更应该节衣缩食。如果我带头讲究吃、喝、玩、乐，下面的人就会仿效我。这样，全国上下奢侈成风，国家就要败落，齐国也不会像现在这样强盛了。"

景公听了晏婴的话，又感动又惭愧，再也不提讲排场的事了。

晏婴就是这样一个廉洁奉公、生活俭朴的好宰相。一千多年过去了，他的崇高精神一直为人们所称赞。

231

第八章｜齐家治国：公正贤明为大家

参考文献

[1] 荣格格，吉吉. 中国古今家风家训一百则[M]. 武汉：武汉大学出版社，2014.

[2] 东子. 家有家规[M]. 合肥：安徽人民出版社，2013.

[3]《经典读库》编委会. 中华家训传世经典[M]. 南京：江苏美术出版社，2013.

[4] 汪双六. 家训金言[M]. 合肥：安徽人民出版社，2012.

[5] 谢蒂. 从故事中学会遵纪守法[M]. 合肥：安徽师范大学出版社，2012.

[6] 王琳达. 爱国守法故事[M]. 北京：中国人口出版社，2012.

[7] 张铁成. 曾国藩家训大全集[M]. 北京：新世界出版社，2011.

[8] 靳丽华. 颜氏家训[M]. 北京：中国华侨出版社，2012.

[9] 云晓. 60个家规，培养不操心的孩子[M]. 北京：朝华出版社，2011.

[10] 朱明勋. 中国古代家训经典导读[M]. 北京：中国书籍出版社，2012.

[11] 陈才俊. 中国家训精粹[M]. 北京：海潮出版社，2011.

[12] 刘君艳. 父母应该知道的72条帝王家训[M]. 北京：中国三峡出版社，2010.

[13] 陶清澈. 名门家训[M]. 哈尔滨：哈尔滨出版社，2011.

[14] 赵萍. 颜氏家训[M]. 长春：吉林大学出版社，2010.

[15]《让青少年懂得遵纪守法的故事》编写组. 让青少年懂得遵纪守法

参 考 文 献

的故事[M]. 北京：世界图书出版公司，2010.

　　[16] 郑永安. 曾国藩家书[M]. 昆明：云南人民出版社，2011.

　　[17] 《现代家训》编委会. 现代家训[M]. 南京：江苏美术出版社，1997.

　　[18] 杨杰. 家范·家训[M]. 海口：海南出版社，1992.

后 记

一个家庭或家族的家风要正，首先要注重以德立家、以德治家。其次还要书香不绝，坚持走文化兴家、读书树人之路。习近平总书记谈到自己的经历时，曾经多次谈及自己的淳朴家风。从某种意义上说，正是因为家风家教的缺失，一些人走上社会之后容易失去底线，做出一些违背道德、法律的事情，导致家风缺失、世风日下。现在重提"家风"，是有积极现实意义的。这是一种文化的回归，是一种历史智慧的挖掘与重建。

端正家风，弘扬传统教育文化，传承优秀的治家处世之道，正是我们策划本套书的意图所在。

本套书从历代各朝林林总总的格言家训里，摘取一些能够表现中国文化特点并且对于今天颇有启发意义的，试做现代解释，与读者共同品味，陶冶性情。

在本套书编写过程中，得到了北京大学文学系的众多老师、教授的大力支持，安徽师范大学文学院多位教授、博士尽心编写，在设计现场给予指导，在此表示衷心的感谢！尤其要特别感谢安徽省濉溪中学的一级教师田勇先生在本套书编写、审校过程中给予的辛苦付出和大力支持！

　　本套书在编写过程中，参考引用了诸多专家、学者的著作和文献资料，谨对这些资料、著作的作者表示衷心的感谢！有些资料因为无法一一联系作者，希望相关作者来电来函洽谈有关资料稿酬事宜，我们将按相关标准给予支付。

　　联系人：姜正成

　　邮　　箱：945767063@qq.com